Kommunikation und Medienmanagement

Die Reihe **Kommunikation und Medienmanagement** stellt Informationen aus der gleichnamigen Disziplin bereit, die stetig wächst und interdisziplinär viele Bereiche tangiert. Dieser jungen und dynamischen Disziplin geht es darum, Nutzerbelange zu verstehen und Informationen nutzergerecht zur Verfügung zu stellen.

Den Kern der Reihe bilden sprachliche, sprachwissenschaftliche und sprachtechnologische Themen, Informationsarchitektur und -management, visuelle Kommunikation und Medien. Spezialthemen und Vertiefungen ergänzen die Kernbereiche.

Die in der Reihe erscheinenden Bücher stellen den jeweils aktuellen Wissenstand in diesem facettenreichen Spektrum dar und tragen zur gezielten Professionalisierung in dieser Disziplin bei.

Angesprochen werden sowohl Studierende als auch Praktiker aus Informations-, Sprach- und Medienmanagement, die sich in das Themenfeld der Reihe auf verschiedenen Gebieten einarbeiten möchten.

Weitere Bände in der Reihe
http://www.springer.com/series/15380

Annette Verhein-Jarren · Bärbel Bohr · Beatrix Kossmann

Gesprächsführung in technischen Berufen

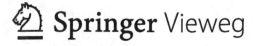

Prof. Dr. Annette Verhein-Jarren
Hochschule für Technik Rapperswil
Rapperswil, Schweiz

Dr. Beatrix Kossmann
Hochschule Luzern
Luzern, Schweiz

Dr. Bärbel Bohr
Hochschule für Technik Rapperswil
Rapperswil, Schweiz

Konzeption der Reihe Kommunikation und Medienmanagement: Prof. Sissi Closs und Prof. Dr. Petra Drewer, Hochschule Karlsruhe

ISSN 2520-1638   ISSN 2520-1646 (electronic)
Kommunikation und Medienmanagement
ISBN 978-3-662-53316-1   ISBN 978-3-662-53317-8 (eBook)
https://doi.org/10.1007/978-3-662-53317-8

Die Deutsche Nationalbibliothek verzeichnet diese Publikation in der Deutschen Nationalbibliografie; detaillierte bibliografische Daten sind im Internet über http://dnb.d-nb.de abrufbar.

Springer Vieweg
© Springer-Verlag GmbH Deutschland 2018

Gedruckt auf säurefreiem und chlorfrei gebleichtem Papier

Springer Vieweg ist Teil von Springer Nature
Die eingetragene Gesellschaft ist Springer-Verlag GmbH Deutschland
Die Anschrift der Gesellschaft ist: Heidelberger Platz 3, 14197 Berlin, Germany

Inhaltsverzeichnis

Kommunikation unter Fachleuten

1

Zusammenfassung

Arbeiten heißt vielfach, Gespräche zu führen: dem Kollegen einen Guten Morgen wünschen und sich mit ihm über fachliche Entwicklungen austauschen, die Abteilungsleiterin zum Stand der Gerätebeschaffung befragen, von der IT die Behebung der Software-Probleme verlangen, von der Chefin einen Auftrag entgegennehmen. Berufliche Gespräche führen wir den lieben langen Tag. Sie sind ebenso selbstverständlich wie herausfordernd, ebenso zielführend wie störanfällig.

In welchen Konstellationen finden diese Gespräche statt und wie müssen sie geführt werden, damit sie zum Arbeitserfolg beitragen? Wir leiten aus diesen Fragen eine Idee von zielführendem Gesprächsverhalten in technischen Berufen ab.

1.1 Konstellationen in beruflichen Gesprächen

Mitarbeitende von Unternehmen führen berufliche Gespräche in den verschiedensten Konstellationen. Hulda Meier zum Beispiel hat gerade vor kurzem ihren Abschluss als Maschineningenieurin gemacht und arbeitet jetzt seit gut einem Jahr als Teamleiterin. Ihr täglicher Gesprächsmarathon könnte etwa so aussehen: Als Teamleiterin tauscht sie sich mit einem anderen Teamleiter über die unternehmensweiten Regelungen zur Weiterbildung aus. In diesem Gespräch kommuniziert sie intern über Fragen, die das Unternehmen insgesamt betreffen. Die Gesprächsthemen kreisen um Aspekte der Organisation. Sie bespricht aber auch mit einem Teamkollegen den Einsatz eines neuen Werkstoffes im Rahmen des aktuellen Projekts. In diesem Gespräch kommuniziert sie intern über eine zu erledigende Aufgabe. Die Gesprächsthemen kreisen um Aspekte der Aufgabe. Sie kommuniziert auch nach außen. Wenn sie als Expertin für Spritzgussverfahren einem Kunden erklärt, welche Werkzeuge für seine Bedürfnisse geeignet sind, führt sie ein externes und aufgabenbezogenes Gespräch. Etwas anders liegt der Fall, wenn sie an einem Po-

© Springer-Verlag GmbH Deutschland 2018

A. Verhein-Jarren et al., *Gesprächsführung in technischen Berufen*,

Kommunikation und Medienmanagement, https://doi.org/10.1007/978-3-662-53317-8_1

Abb. 1.1 Konstellation in
beruflichen Gesprächen. (Inspiriert von Rothkegel 2010,
S. 110)

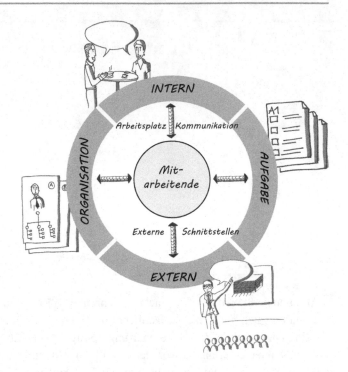

diumsgespräch zu aktuellen Trends in der Werkzeugentwicklung mitwirkt. Durch dieses
Engagement kommuniziert sie ebenfalls extern. Es geht zwar nicht um die Bearbeitung
einer konkreten Aufgabe, wohl aber beeinflusst sie durch ihren Auftritt das Image, das ihr
Unternehmen insgesamt in der (Fach-)Öffentlichkeit hat.

Die Konstellationen, in denen berufliche Gespräche stattfinden, lassen sich unterscheiden nach den Merkmalen intern und extern sowie Aufgabe und Organisation. Mit Aufgabe
ist der fachliche Auftrag gemeint, mit Organisation sind die Rahmenbedingungen gemeint,
die ein Unternehmen für die Erledigung der Aufgaben setzt. Solche Rahmenbedingungen
können unter der internen Perspektive beispielsweise Regelungen zur Personalauswahl
oder zu betrieblichen Prozessabläufen sein. Unter der externen Perspektive kann es beispielsweise um die Vertretung des Unternehmens nach außen durch Öffentlichkeitsarbeit
gehen. Die verschiedenen Konstellationen, die sich daraus ergeben, sind in Abb. 1.1 sys-
tematisch dargestellt.

Teamleitung, Teamkollege, IT-Mitarbeitender oder auch Abteilungsleiterin – die Zugehörigkeit zum selben Unternehmen ist das einigende Merkmal für alle diese denkbaren
(internen) Gegenüber in Gesprächen am Arbeitsplatz. Das Unternehmen mit seinen Aufgaben, der Organisationsform, der Art des Umgangs miteinander beeinflusst, wie diese
Gespräche ablaufen. Gespräch ist nicht gleich Gespräch. Geht es – wie beim fachlichen
Austausch unter Kollegen in einem Team – eher um interne Kommunikation mit Bezug
auf die zu bearbeitenden Aufträge, oder geht es wie in einem Gespräch über Weiterbil-

dungsregelungen eher um die interne Kommunikation im Kontext der Organisation des Unternehmens?

In welchen Konstellationen Mitarbeitende sich besonders häufig bewegen, hängt von ihrer Aufgabe und der (formalen) Position im Unternehmen ab. Eine technische Expertin ohne weitere Funktionen in der Hierarchie des Unternehmens wird eher selten in der Konstellation intern/Organisation oder extern/Aufgaben Gespräche führen. Der Verantwortliche für die Öffentlichkeitsarbeit des Unternehmens hingegen wird sehr häufig in der Konstellation extern/Organisation Gespräche führen.

> Gespräche sind die Nervenbahnen des Unternehmens und eine konstruktive Gesprächskultur ist die Basis für eine produktive Zusammenarbeit.

Wir interessieren uns in diesem Buch für die Arbeitsplatzkommunikation speziell in technischen Berufen. Für Ingenieure ging es in der Vergangenheit ausschließlich um technische Kompetenzen. Heute wird viel im Team gearbeitet, es gilt interdisziplinäre Ansätze zu verfolgen. Austausch mit anderen Fachleuten ist möglich und auch nötig. Die beste Fachkompetenz nützt nichts, wenn man es sich mit den anderen am Arbeitsplatz verdirbt. Die beste Idee ist verloren, wenn andere nicht davon überzeugt werden können. Zudem sind viele Themen in der Technik emotional aufgeladen, sei es nun das Klima oder die Digitalisierung. Die Diskussion über die technischen Möglichkeiten will trotzdem sachbezogen geführt sein. Gefragt ist in allen diesen Situationen die Fähigkeit, effektiv zu kommunizieren (Withcomb und Withcomb 2013, S. XIV). Ohne hinreichende Übung wird es schwer, die eigenen technischen Vorstellungen wirkungsvoll umsetzen zu können. Die Gesprächsbeispiele im Buch gehen von praxisorientierten Alltagssituationen am Arbeitsplatz aus. Die Ideen dafür sind inspiriert von authentischen Situationen unserer Seminarteilnehmenden.

Die täglichen Gespräche am Arbeitsplatz sind einerseits vielfältig, weil sie in unterschiedlichen Konstellationen geführt werden: Sie finden innerhalb eines Teams, innerhalb einer Abteilung statt, ebenso wie innerhalb der Organisation zwischen den verschiedenen Abteilungen wie Entwicklung und Produktion oder Entwicklung und Werkstatt, Produktion und Einkauf, Entwicklung und Controlling, Fachabteilung und IT, oder auch an den Schnittstellen verschiedener fachlicher Beteiligter, wie etwa Architekt-Zeichner-Bauführer oder Unternehmen-Zulieferer. Andererseits sind die täglichen Gespräche typisch, weil die Konstellationen, die ein betriebliches Umfeld bereithält, typisch sind. Ebenso typisch ist das daran anknüpfende Sprechverhalten. Es folgt häufig bestimmten Ritualen des Umgangs, zum Beispiel zwischen Führungskraft und Mitarbeitenden, zwischen Entwicklern und Controllern. Für eine konstruktive Gesprächskultur ist ein gutes Sensorium für mögliche Differenzen zwischen dem, was gesagt wird, und dem, was gemeint ist, nützlich.

Die Gesprächskonstellationen sorgen für ein Spannungsfeld von Kooperation – wir kommen nur gemeinsam zum Ziel – und Konkurrenz um

- die besten Ideen,
- die machbaren Lösungen,
- die angemessene Methodik,
- die treffende Einschätzung von Menschen und Möglichkeiten,
- die individuelle Positionierung,
- das eigene Vorankommen,
- den eigenen Vorteil.

Die Gespräche bergen immer auch das Potential, sich zu einer speziellen Führungsfrage oder zu einem Konflikt zu entwickeln. Soweit muss es aber gar nicht erst kommen. Die Stolpersteine für eine produktive Zusammenarbeit zu erkennen, sind ein erster Schritt für eine produktive Zusammenarbeit.

In den verschiedenen Gesprächskonstellationen treffen Personen mit unterschiedlichen fachlichen Kompetenzen aufeinander. Manche Gespräche finden innerhalb einer Fachgemeinschaft statt, wenn etwa mehrere Elektroingenieure sich im Team über die neuesten Entwicklungen in der Speichertechnologie für erneuerbare Energien verständigen und daraus ihre Vorschläge für den Projektauftrag ableiten. Die Beteiligten können sich in diesem Fall auf ihre typischen kommunikativen Gepflogenheiten verlassen, auf vergleichbares Fachwissen, vergleichbare Denkmethoden und Wahrnehmungsweisen (Bromme et al. 2003). Die Fachkommunikation findet andererseits aber innerhalb einer Organisation oder zwischen Organisationen statt, in denen nicht nur die typischen kommunikativen Gepflogenheiten einer einzigen Fachgemeinschaft gelten. Die Entscheidungen, die Vorschläge, die Lösungen entstehen immer aus dem Austausch aller Beteiligten: unterschiedliches Fachwissen, verschiedene Denkmethoden und Wahrnehmungsweisen treffen in einer solchen Interaktions- oder Praxisgemeinschaft aufeinander (vgl. Pogner 2007). Aus dem fachlichen „So macht man das" wird ein unternehmens- und situationsbezogenes „So machen wir das hier/jetzt".

Dieser Übergang hat seine Schwierigkeiten. Die technisch-fachliche Sozialisation bedeutet einen hohen Grad an Spezialisierung. Innerhalb der Fachgemeinschaft ist durch die typischen kommunikativen Gepflogenheiten sichergestellt, dass die Kommunikation funktioniert. Im Unternehmen arbeitet man jedoch über den engen fachlichen Rahmen hinaus mit anderen Menschen zusammen, die das eigene Wissen nicht teilen. Das dafür notwendige Gesprächsverhalten muss trainiert werden.

Die unausgesprochenen Erwartungen an den Umgang miteinander in Gesprächen können bei dieser Gelegenheit ordentlich durchgeschüttelt werden, müssen ausgeglichen und durch den Austausch neu geordnet werden. Das hört sich nach Energieaufwand an – und das ist es auch. Rezeptbuchartiges Regelwissen lässt sich nicht formulieren. Denn das

Verhalten in Gesprächen hat sich jeder der Beteiligten über eine lange Lebensspanne an-geeignet (Bromme et al. 2003).

Neue Verhaltensweisen in Gesprächen müssen trainiert werden, so wie Muskeln.

1.2 Zielführendes Gesprächsverhalten

Der erste Schritt ist die Bereitschaft, sich mit dem Gesprächsverhalten und seinen Aus-wirkungen auf die Zusammenarbeit auseinanderzusetzen. Typische kommunikative Ge-pflogenheiten bestimmen zum Beispiel auch, über was geredet wird, oder wie viel geredet wird, oder wann überhaupt geredet wird. Wie lässt sich sicherstellen, dass die Unterschie-de erkannt werden? Wie kann mit einmal erkannten Unterschieden umgegangen werden? Wie lassen sich trotz dieser Unterschiede die eigenen Botschaften verständlich übermitteln und wie gelingt es, die Botschaften der anderen zu verstehen? Schwierigkeiten wahrzu-nehmen ist die Voraussetzung dafür, sie aufzulösen und künftig gar nicht erst entstehen zu lassen (Bromme et al. 2003).

Dazu ist aus unserer Sicht vor allem eine reflektierende, partnerschaftliche Gesprächs-führung geeignet, also eine, die nicht autoritär anordnet, austeilt, verteilt, sondern eine, die auf Austausch und Ausgleich setzt. Vielfach lassen sich begrenzende Faktoren für ei-ne reflektierende Gesprächsführung beobachten. So bedingen etwa äußere Faktoren, wie Lärm oder Sicherheitsanforderungen, dass laut und knapp gesprochen wird. Auch sprach-liche Rahmenbedingungen können als begrenzende Faktoren wirken: Wenn Gespräche zwischen fremdsprachigen Kollegen geführt werden, reicht oft das Sprachvermögen nicht für eine reflektierende Gesprächsführung aus. Manchmal muss auch das Hindernis über-wunden werden, selber nicht gerne sprechen zu wollen. Ganz ohne Worte funktioniert es jedoch nur in den wenigsten Fällen.

Anordnendes und partnerschaftliches Gesprächsverhalten sind zwei Pole, die in der Realität viele Zwischentöne haben. Auch jenseits von äußeren Faktoren und sprachli-chen Rahmenbedingungen scheint autoritäre Gesprächsführung oftmals der schnellere Weg zum Ziel zu sein. Sie kostet zunächst wenig Zeit: Ansage machen und Schluss mit der Diskussion. Sie hat aber einen hohen Preis. Der anderen Person sagen, was richtig ist, wo der Fehler liegt – diese Haltung blendet das Gegenüber und seine Sichtweise aus. Es fehlt dessen Selbstverpflichtung. Mag sein, dass das Gegenüber sich aus Zwang oder Bequem-lichkeit das eine oder andere Mal dem mit der autoritären Gesprächsführung verbundenen (Anordnungs-)Druck beugt. Mit seiner eigenen Sichtweise kommt das Gegenüber erst in den Blick, wenn die Haltung offener ist: Nicht „Was ist richtig", sondern „Was halte ich für richtig"; nicht „Dort liegt der Fehler", sondern „Dort sehe ich den Fehler". Autoritäre Gesprächsführung fällt in der Regel leicht. Wir beherrschen sie im Schlaf, wir müssen lediglich die eigene Perspektive einnehmen. Partnerschaftliche Gesprächsführung hingegen muss geübt werden. Wir müssen uns auf das Gegenüber einstellen.

> Eine partnerschaftliche, reflektierende Gesprächsführung fällt umso leichter, je eher eine Gesprächshaltung eingenommen werden kann, die
>
> - sich selbst und den anderen wertschätzt und
> - verschiedene Perspektiven miteinander in Einklang bringen.

In diesem Sinne ist Gesprächsführung auch Teil der Persönlichkeitsentwicklung. Es führt zu gar nichts, lediglich bestimmte Techniken zu trainieren. Technik ohne die entsprechende Haltung dahinter wird vom Gegenüber sehr schnell intuitiv als Manipulation wahrgenommen – mit erwartbaren Widerstandsreaktionen. Gesprächsverläufe haben Muster, Gespräche lassen sich aber dennoch nicht schematisch gestalten. Der kreative, an die Situation und das Gegenüber angepasste Umgang mit den Mustern ist gefragt. Gespräche führen erfordert das Wissen um und die Wahrnehmung von möglichen Schwierigkeiten und macht die Mühe, im Gesprächsprozess auf Austausch und Ausgleich zu setzen, eine gemeinsame Basis zu suchen, zu kooperieren.

Für die Gestaltung beruflicher Gespräche ist daher die Fähigkeit zum Perspektivenwechsel und gegenseitiger Wertschätzung wichtig. Was es dazu Wissens- und Beachtenswertes gibt, wird in Kap. 2: *Sich verständigen* – Bezugsrahmen teilen und Kap. 3 *Geht's noch?* – Den Gesprächspartner wertschätzen und seine Vorstellungen beachten erläutert. Basis ist das auf Aushandlung einer gemeinsamen Wissensbasis gerichtete Kommunikationsmodell des Common Ground sowie die Fähigkeit und Bereitschaft zuzuhören. Die vier Seiten der Nachricht schärfen den Blick dafür, wie man Gesagtes und Gemeintes unterscheiden kann, und was es beim Formulieren alles zu beachten gilt. In diesen beiden Kapiteln wird zugleich Grundlegendes zu Gesprächsstilen, Gesprächsvorbereitung und Gesprächsaufbau erläutert.

Für das Wissen um und die Wahrnehmung von konkreten Stolpersteinen nehmen wir vor allem die Arbeit in der Werkstatt, im Labor oder auf der Baustelle in den Blick. Über unsere Beispiele beziehen wir verschiedene Branchen ein, wie zum Beispiel Bauwesen, Elektrotechnik, Informationstechnologie, Maschinentechnik.

So geht es in Kap. 4: *Alles klar?* Informationen weitergeben, Informationen erfragen um die Weitergabe von Informationen im Gespräch: Nicht zu viel, aber auch nicht zu wenig und so formuliert, dass das Gegenüber sie verstehen und für das eigene Handeln verwerten kann. Aber – ebenso umgekehrt, nämlich als Gesprächspartner zu erkennen, wo die Information nicht genau genug oder lückenhaft sind und das Fehlende dann auch einzufordern. Dafür müssen die Gesprächspartner die Verständlichmacher und verschiedene Frageformen kennen und sich deren Wirkung in Gesprächen bewusst sein.

Kap. 5: *Dranbleiben!* – Interessen überzeugend vertreten befasst sich damit, wie man den eigenen Ideen, Vorstellungen und Interessen Gewicht geben kann, sei es, um ein Projekt zu lancieren, eine Weiterbildung oder eine Neuorganisation durchzusetzen. Dafür wird der Unterschied zwischen Überzeugen und Überreden erläutert, es werden Argumentationsfiguren zum Finden guter Argumente beschrieben und es wird dargestellt, wie aus einem guten ein wirksames Argument wird.

Was tun, wenn es unterschiedliche Auffassungen über Arbeitsqualität gibt oder die Qualität der geleisteten Arbeit zu wünschen übrig lässt? Das ist Thema in Kap. 6: *So nicht!* – Mit Fehlern und Kritik umgehen. Das Gegenüber in einem Gespräch zu kritisieren oder selber Kritik entgegenzunehmen, stellt ganz besondere Anforderungen an die Gesprächsgestaltung und die passenden Formulierungen. Damit sich unnötige Verstimmungen vermeiden lassen, müssen die Beteiligten sich der in diesem Fall besonders heiklen Gestaltung der Beziehungsseite widmen. Die Transaktionsanalyse mit den Grundpositionen, Ich-Zuständen und Transaktionen öffnet die Augen, für die Fallstricke und die Möglichkeiten, Kritik zu formulieren.

Hektik, Druck und Stress am Arbeitsplatz sorgen immer wieder dafür, dass trotz aller Sorgfalt die Wogen hochgehen, die Emotionen sich Bahn brechen. Diesem Thema widmet sich Kap. 7: *Nun bleib doch mal sachlich.* – Mit Denk- und Gefühlsverboten umgehen. Aufgezeigt wird, wie Fakten und Emotionen im Gespräch zusammenspielen, warum die Wogen manchmal hochgehen (müssen), welches Gesprächsverhalten die Wogen weiter anschwellen lässt und welche Möglichkeiten existieren, die Wogen zu glätten.

Kap. 8 schließlich fasst die Erkenntnisse zur Gesprächsführung in 12 Merksätzen zusammen.

Das Buch lässt sich in Seminaren einsetzen, eignet sich aber auch zum Selbststudium. Jedes Kapitel beginnt mit einem orientierenden Abschnitt und stellt ein Beispielgespräch zum Thema in den Mittelpunkt. Die Szenarien beruhen auf authentischen Erfahrungen aus dem Berufsumfeld unserer Studierenden. Sie wurden aus didaktischen Gründen gekürzt und angepasst. Die Namen sind fiktiv. Mit Hilfe verschiedener Fassungen des Gesprächs und unter Rückgriff auf theoretische Konzepte werden mögliche Fallstricke dargestellt und erläutert, wie sie sich durch eine andere Gesprächsführung vermeiden lassen. Innerhalb der Kapitel kann der Leser anhand von Reflexionen seine Erfahrungen und Einschätzungen zum Thema aktivieren und sein eigenes Gesprächsverhalten klarer einschätzen lernen. Die Beantwortung von Fragen im Verlauf des Kapitels ermöglicht dem Leser, praktische Hinweise oder theoretische Konzepte für sich selber auszuprobieren, ihre Wirkung zu durchdenken und das eigene Gesprächsverhalten auf den Prüfstand zu stellen. Es trainiert ihn darin, Fallstricke in Gesprächssituationen zu erkennen und möglichst zu vermeiden. Am Ende jedes Kapitels gibt es Lösungsvorschläge zu den Fragen, so dass der Vergleich mit den eigenen Überlegungen möglich wird. Ausgenommen sind die Reflexionsfragen. Sie richten sich auf so individuelle Antworten, dass Lösungsvorschläge nicht sinnvoll sind. Jedes Kapitel schließt mit einem Verzeichnis der verwendeten Literatur. Die Kapitel lassen sich auch einzeln mit Gewinn lesen. Je mehr Kapitel gelesen und bearbeitet werden, umso umfassender wird der Einblick in die Gestaltungsmöglichkeiten von Gesprächen für die produktive Zusammenarbeit.

Wir Autorinnen danken allen, die uns bei diesem Buchprojekt unterstützt haben. Ein Dank geht an die bisherigen Kursteilnehmenden, die durch ihre Ideen und ihre Kommentare unseren Sinn für die Vermittlung von Kompetenzen in der Gesprächsführung geschärft haben. Auch geht das eine oder andere Beispiel auf ihre Kursbeiträge zurück. Wir danken ebenfalls unserer Hochschule, der Hochschule für Technik in Rapperswil, die dieses Buchprojekt großzügig finanziell unterstützt hat. Ebenfalls danken wir dem Institut für Kommunikation und Marketing der Hochschule Luzern Wirtschaft für die finanzielle Unterstützung. Mit ihren Feedbacks haben Stefan Jörissen und Rolf Murbach wertvolle Klärungen und Verbesserungen angeregt. Folma Hoesch hat die Texte korrigiert. Ihnen allen danken wir herzlich. Gianni Fabiano schließlich hat den Abbildungen und unseren Visualisierungsideen Gestalt gegeben. Auch an ihn geht ein großes Dankeschön.

Rapperswil und Luzern im Oktober 2017   Bärbel Bohr
                                                          Beatrix Kossmann
                                                    Annette Verhein-Jarren

Literatur

Bromme, R., Jucks, R., & Rambow, R. (2003). Wissenskommunikation über Fächergrenzen: Ein Trainingsprogramm. *Wirtschaftspsychologie*, *5*(3), 94–102.

Pogner, K.-H. (2007). Text- und Wissensproduktion am Arbeitsplatz: Die Rolle der Diskurs- und Praxisgemeinschaften. Zeitschrift Schreiben. www.zeitschrift-schreiben.eu. Zugegriffen: 7. Okt. 2017.

Rothkegel, A. (2010). *Technikkommunikation: Produkte, Texte, Bilder*. UTB; Sprachwissenschaft: Vol. 3214. Konstanz: UVK.

Whitcomb, C. A., & Whitcomb, L. E. (2013). *Effective interpersonal and team communication skills for engineers*. Hoboken: IEEE Press, Wiley.

Sich verständigen – Bezugsrahmen teilen

2

Zusammenfassung

Wie muss die Pilotanlage ausgelegt werden, um den Wirkungsgrad zu erhöhen? Wie kann sichergestellt werden, dass die Bauleitung die aktuellen Pläne hat? Wie kann der Materialfluss optimiert werden? Am Arbeitsplatz sind vielfältige fachlich-technische Fragen von hoher Komplexität zu beantworten. Gleichzeitig sollen große Projekte aufgegleist und erfolgreich abgeschlossen werden. Dazu kommen alltägliche Aufgaben im Betrieb, die effizient erledigt werden sollen. Neben technisch-fachlichem Knowhow erfordert ein solcher Berufsalltag eine gut ausgebildete Kommunikationskompetenz.

Voraussetzung für gute Kommunikation ist das Erkennen des eigenen Persönlichkeitsstils. Das Wissen um die verschiedenen Bezugswelten, in denen man sich bewegt, erleichtert den Beteiligten, sich in Gesprächen zu verständigen. Dafür muss ein geteilter Bezugsrahmen ausgehandelt und gelegentlich der Automatismus unserer gegenseitigen Wahrnehmung durchbrochen werden.

2.1 Ausschuss in der Produktion

Marcel Zügig ist Abteilungsleiter in einer Firma, die Verpackungen herstellt. Er ist seit 8 Jahren dabei. Bei den Kollegen und seinen Mitarbeitenden ist er beliebt. Er kümmert sich darum, dass der Laden läuft. Innerhalb seiner Abteilung wird in zwei Schichten gearbeitet. Schichtleiter der Schicht 1 ist Heinz Freund, Schichtleiter der Schicht 2 Klaus Neuling. Seit etwa zwei Monaten treten Probleme auf: Die Montagen in Linie 3 laufen nicht mehr rund. Es gibt hohen Ausschuss. Zügig hat ein schlechtes Gewissen: Er ist an sich sehr pflichtbewusst, ist dem Problem mit der Montagelinie aber bisher eher aus dem Weg gegangen. Er hat nämlich den Eindruck, dass ein Teil des Problems mit gewissen Missstimmungen zwischen den beiden Schichtleitern zusammenhängt. Jetzt aber muss er

© Springer-Verlag GmbH Deutschland 2018
A. Verhein-Jarren et al., *Gesprächsführung in technischen Berufen*,
Kommunikation und Medienmanagement, https://doi.org/10.1007/978-3-662-53317-8_2

dem Problem mit Priorität nachgehen, denn seit kurzem hat er deswegen Druck von der Geschäftsleitung.

Heinz Freund ist seit sechs Jahren in der Firma und privat inzwischen mit Marcel Zügig befreundet. Die beiden haben daher auch bei der Arbeit ein sehr kollegiales Verhältnis zueinander. Dies ist jedoch keinem von beiden bislang zum Nachteil geworden. Wie Zügig ist auch Freund sehr pflichtbewusst. Freund widmet seinem Hobby Fußball gerne Zeit und ist mit großer Begeisterung als Spieler und Zuschauer dabei, darüber kommt er mit jedem ins Gespräch. Nur mit Klaus Neuling klappt das nicht so, mit dem versteht er sich nicht. Der ist immerzu mit seinen eigenen Ideen beschäftigt und hat kein Ohr für andere.

Klaus Neuling arbeitet seit knapp zwei Jahren in der Firma und ist um einiges jünger als Zügig und Freund. Seinen Abteilungsleiter Marcel Zügig mag er und findet, dass der seine Sache gut macht. Bei ihm weiß er immer, woran er ist. Das gibt Spielraum für die eigenen Ideen. Unerklärlich ist für Klaus Neuling lediglich, was Marcel Züger an Heinz Freund findet. Deren freundschaftliche Beziehung ist ihm ein Rätsel. Er selber versteht sich nämlich mit Heinz Freund nicht. Dessen ständiges Gerede über Fußball geht ihm auf die Nerven, weil es ihn von wichtigen Dingen abhält.

Abteilungsleiter Zügig sieht sich gezwungen, die Situation zu analysieren. Er möchte mit den beiden Schichtleitern besprechen, wie die Probleme behoben werden können, damit auch die Linie 3 wieder problemlos läuft. Beide Schichtleiter orten die Probleme vor allem in der Schicht des Kollegen. Zügig lädt die beiden in sein Büro ein. Es entwickelt sich das folgende Gespräch:

	Schichtleiter Freund betritt das Büro mit leichter Verspätung. Abteilungsleiter Zügig und Schichtleiter Neuling warten bereits schweigend. Neuling sitzt ein wenig steif auf seinem Stuhl.
Schichtleiter Freund	*Frisch und gut aufgelegt*
	Morgen, Marcel! Hast du das Spiel gestern gesehen? Dieser Torwart bringt auch gar nichts auf die Reihe!
	Setzt sich locker auf seinen Stuhl.
	Ach, Morgen, Klaus!
Abteilungsleiter Zügig	*Freundlich*
	Morgen, Heinz!
	Ein wenig genervt
	Ja, habe ich. Der Typ kann gar nichts, ich frage mich, warum der Trainer ihn überhaupt aufs Feld lässt. Aber lasst uns nun zur Sache kommen.
	Ernst
	Ich war gestern wieder bei der Geschäftsleitung und musste ihnen das Ganze erklären. Ihr könnt euch ja vorstellen, wie der Chef getobt hat. Seit zwei Monaten läuft die Linie 3 jetzt schon nicht mehr störungsfrei.
	Zu beiden gewandt
	Wir müssen das Problem jetzt gemeinsam angehen. Irgendwelche Vorschläge?

Schichtleiter Freund	*Zu Zügig gewandt* Du weißt ja, wie es meiner Meinung nach aussieht. Ich hab's dir ja neulich beim Abendessen bereits erklärt. Wenn wir das so machen, wie ich gesagt habe, werden wir bestimmt wieder bessere Ergebnisse erzielen.
Abteilungs-leiter Zügig	*Nachdenklich* Hmm ... Ja, du hast da schon Recht. Aber ich habe mit der Geschäftsleitung gesprochen. Die wollen nicht wieder auf das bewährte Material zurückgreifen, sondern mit dem neuen weiterfahren. Herr Neuling, wie sehen Sie das?
Schichtleiter Neuling	*Mit ironischem Unterton* Wie ich das sehe? Ich war bei dem Abendessen nicht dabei.
Schichtleiter Freund	Das ist jetzt doch nicht so wichtig, Klaus. *Zu Marcel Zügig gewandt* Marcel, ich schlage als Sofortmaßnahme vor, dass wir wieder mit dem alten Material arbeiten. *Eindringlich* Das muss doch auch die Geschäftsleitung einsehen.
Schichtleiter Neuling	*Aufgebracht* Du weißt genau, dass das nicht geht. Wir haben das lang und breit besprochen. Deine Leute müssen nur die andere Einstellung wählen. Das kann ja nicht so schwer sein.
Schichtleiter Freund	*Nun ebenfalls aufgebracht, belehrend* Meine Leute, meine Leute. Was soll das denn heißen? Jeder kehre vor seiner eigenen Tür!
Abteilungs-leiter Zügig	*Beschwichtigend* Herr Neuling, jetzt lassen Sie uns doch mal sachlich bleiben. Wir müssen alle zusammen nach einer Lösung für das Problem suchen.
Schichtleiter Freund	*Betont ruhig* Also, so wie ich das sehe, ...
Schichtleiter Neuling	*Unterbricht ihn. Spitz* ... du wiederholst dich ...
Abteilungs-leiter Zügig	*Abwiegelnd* Jetzt hören Sie doch mal mit den Sticheleien auf. Wir müssen die Probleme mit Linie 3 lösen.

Abteilungsleiter Zügig und Schichtleiter Freund sehen sich auch privat. Sie duzen sich, ebenso die beiden Schichtleiter. Schichtleiter Neuling hingegen und der Abteilungsleiter siezen sich. Diese Unterschiede schaffen unterschiedliche soziale Distanzen. Hinzu kommt noch, dass die beiden Schichtleiter persönlich nicht so gut miteinander auskommen. Alle Beteiligten müssen die unterschiedlichen Distanzen in ihrem Gesprächsverhalten beachten.

Dass Schichtleiter Freund leicht verspätet erscheint und dann seinen Small Talk am Anfang lediglich an den Freund – und Vorgesetzten – adressiert, ist vielleicht (gerade noch) verständlich, zeugt aber von wenig Sensibilität gegenüber der Situation. Immerhin geht es um ein schwieriges Gesprächsthema, bei dem alle unter Druck stehen: Zum einen, weil die Zahlen schlecht sind. Das setzt alle am Gespräch Beteiligten unter Druck. Zum anderen, weil die Geschäftsleitung Druck aufgesetzt hat. Das belastet insbesondere den Abteilungsleiter zusätzlich. Schichtleiter Freund sucht in dieser Situation die emotionale Nähe zu seinem Vorgesetzten und Freund und versucht zugleich, den dritten Beteiligten auf Abstand zu halten. Der Einstieg in die Klärung des Problems wird damit nicht gerade erleichtert.

Auch Abteilungsleiter Zügig leistet keinen Beitrag zu einem zielführenden Gesprächseinstieg (Kap. 3). Er nimmt nämlich seinerseits das Angebot von Schichtleiter Freund an, kommentiert das angeschnittene Thema kurz und wechselt danach abrupt auf das eigentliche Gesprächsthema: „Aber lasst uns nun zur Sache kommen". Aus dem Small Talk mit dem Freund kommend, wählt er bei der Anrede an alle das Du und distanziert damit Schichtleiter Neuling zusätzlich. Und statt eine gemeinsame Gesprächsatmosphäre herzustellen, für alle noch einmal die Ausgangslage darzulegen und sicherzustellen, dass es ein gemeinsames Verständnis der Probleme gibt, spricht er dann vor allem von seiner eigenen Bedrängnis („Ihr könnt euch ja vorstellen, wie der Chef getobt hat"). Auch die Frage nach den Vorschlägen adressiert er nicht ausdrücklich an beide Gesprächspartner. Die Formulierung zeigt an, dass Abteilungsleiter Zügig das Problem einfach schnell loswerden möchte. Die Situation ist ihm unangenehm („Irgendwelche Vorschläge?").

Mit dem Hinweis „Ich habe es dir neulich beim Abendessen schon gesagt" hält Schichtleiter Freund weiterhin Schichtleiter Neulings Spielraum klein, sich in das Gespräch einzubringen und seine Perspektive darzulegen. Abteilungsleiter Zügig seinerseits merkt weiterhin nichts und fragt in der nächsten Runde als guter Chef – oder weil der Austausch mit Freund einfach nicht weiterführt – dann den Mitarbeiter: „Herr Neuling, wie sehen Sie das?" Statt einen sachlichen Beitrag erhält er eine ironische Bemerkung als Antwort, mit der Schichtleiter Neuling den bisherigen Gesprächsverlauf kommentiert: „Ich war bei dem Abendessen neulich nicht dabei."

Der Verlauf des Gesprächs macht sichtbar, dass die Lösung des Problems geradezu aus dem Fokus der Aufmerksamkeit geschoben wird und stattdessen die Beziehung auf eine unproduktive Art und Weise den Verlauf des Gesprächs bestimmt. Schichtleiter Neuling wird missachtet, was eine effiziente Erledigung der anstehenden Aufgabe schwierig macht. Dem Abteilungsleiter gelingt es so nicht, in dem Gespräch einen Austauschprozess in Gang zu bringen. Schichtleiter Freund macht noch einen erneuten Versuch, seinen Lösungsvorschlag (beim Abteilungsleiter und Freund) durchzudrücken, was Schichtleiter Neuling wiederum nur spitz kommentiert. Die Gesprächsteilnehmer sind der Lösung des Problems keinen Schritt näher gekommen.

2.2 Persönlichkeitsstile

Auf den Verlauf des Gesprächs haben die Persönlichkeitsstile der Gesprächspartner Einfluss. Ein Konzept zur Beschreibung von Persönlichkeitsstilen hat der Psychologe Christoph Thomann entwickelt. Er bezieht sich in diesem Konzept auf den Psychologen Fritz

Riemann, der in seinem zuerst 1961 erschienenen Werk „Grundformen der Angst" beschreibt. Die unterschiedlichen Grundformen der Angst wurden von Thomann 1988 für die Beschreibung von Charakteren nutzbar gemacht. Als Riemann-Thomann-Modell unterschiedlicher Persönlichkeitstypen oder -stile ist das Konzept bekannt geworden (Thomann und Schulz von Thun 2017). Das Modell wird meist herangezogen, um die Gruppendynamik in der Teamarbeit zu beschreiben. Für die Gesprächsführung wichtig ist, dass sich mit dem Modell Unterschiede im Verhalten beschreiben lassen. Das Wissen um diese Unterschiede fördert das Verständnis für Unterschiede im Verhalten.

Für die Ausprägung der Persönlichkeitsstile spielen die beiden Dimensionen Ergebnis- und Beziehungsorientierung eine Rolle. In der Dimension Ergebnisorientierung geht es um die Art und Weise, wie Aufgaben erledigt werden. Es lassen sich die beiden Pole Dauer und Wechsel unterscheiden: Achten diejenigen, die die Aufgaben erledigen, eher auf „Dauer", so achten Sie auf das Einhalten von Regeln, auf Beständigkeit, Zuverlässigkeit und Berechenbarkeit. Oder tendieren sie zum Pol „Wechsel", dann achten sie auf Abwechslung, Abweichung vom Prozess, Ausprobieren von Neuem. In der Dimension Beziehungsorientierung geht es um die Art und Weise, wie zwischenmenschlicher Kontakt aufgebaut wird. Auch in der Dimension Beziehungsorientierung lassen sich wieder zwei Pole unterscheiden: Wird eher Distanz gehalten und Wert auf Freiheit und rationales Handeln gelegt oder wird zwischenmenschliche Nähe gesucht und der Wunsch nach Zustimmung und Harmonie gelebt. Aus der Unterscheidung von Dimensionen und Polen lassen sich unterschiedliche Persönlichkeitsstile ableiten. Jeder Persönlichkeitsstil hat bestimmte Kennzeichen, ist mit Vor- und Nachteilen verbunden. Die Dimensionen und Pole mit den jeweiligen Vor- und Nachteilen sind in Abb. 2.1 dargestellt.

In dem eingangs besprochenen Dreiergespräch gibt Abteilungsleiter Zügig den Beteiligten keine klare Orientierung. Ihm scheint das Ganze unangenehm zu sein. Er ist zugleich pflichtbewusst, berechenbar und beliebt. Er kümmert sich um seine Leute. Diese Charakteristika weisen darauf hin, dass er in der Dimension Ergebnisorientierung auf den Pol Dauer orientiert ist und in der Beziehungsorientierung auf den Pol Nähe. In diesem Gespräch aber muss er ein Problem lösen, in das offensichtlich Unterschiede in den Persönlichkeitsstilen der beiden Schichtleiter mit hineinspielen – und das, wo er doch Konflikten lieber aus dem Weg geht. Im Koordinatenkreuz des Riemann-Thomann-Modells (Abb. 2.1) wäre Abteilungsleiter Zügig im Quadranten oben links zu positionieren. Durch sein konkretes Gesprächsverhalten gibt er der unproduktiven, konflikthaften Entwicklung des Gesprächs Raum: Schichtleiter Freund sucht gegenüber Abteilungsleiter Zügig eher die Nähe, grenzt sich jedoch gegenüber dem Kollegen Schichtleiter Neuling ab. Abteilungsleiter Zügig steuert nicht gegen: Er lässt Freund den Raum, Nähe zu demonstrieren und versucht eher hilflos – und nur in Richtung auf Schichtleiter Neuling, die Eskalation zu verhindern („Jetzt lassen Sie uns doch mal sachlich bleiben." „Jetzt hören Sie doch mit den Sticheleien auf.").

In dem Gespräch deutet sich ebenfalls an, dass die Gesprächsteilnehmer unterschiedliche Akzente setzen. Der eine möchte am Bewährten festhalten (Dauer), der andere möchte neue Möglichkeiten aufgreifen, bis sie funktionieren (Wechsel). Wie stark diese Orien-

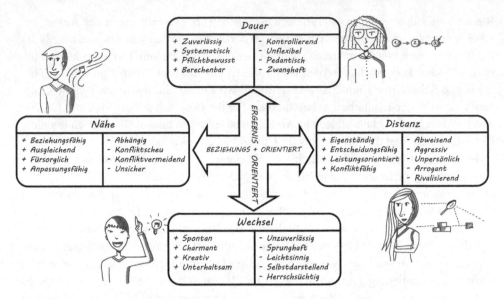

Abb. 2.1 Persönlichkeitsstile auf der Basis des Riemann-Thomann-Modells, Vor- und Nachteile der Persönlichkeitsstile. (Gemäß Gellert und Nowack 2010, S. 306 (Auszug))

tierungen sind, lässt sich aus dem Gesprächs-Ausschnitt allein nicht so ohne weiteres herauslesen. Ob Neuling das neue Material möchte, weil er es angemessen findet, das Neue auszuprobieren, oder weil „man" sich an die Regeln („Anordnung der Geschäftsleitung") hält, wird aus den Wortwechseln allein noch nicht ersichtlich.

> Jeder Mensch „verortet" sich irgendwo in diesem Spannungsfeld unterschiedlicher Strebungen. Sein Standort prägt seine Sicht der Welt sowie seine Beziehungen zu anderen Menschen. Wo man sich ansiedelt, hängt mit biographischen Prägungen sowie den späteren Lebenserfahrungen zusammen. Man kann also in verschiedenen Phasen des Lebens unterschiedliche Standorte im Koordinatenkreuz einnehmen (Gellert und Nowack 2010, S. 306).

Frage: Einordnung ins Riemann-Thomann-Modell

In welchem Quadranten des Riemann-Thomann-Modells (Abb. 2.1) platzieren Sie die beiden Schichtleiter Heinz Freund und Klaus Neuling? Begründen Sie Ihre Zuordnungen.

Persönlichkeitsstile sind im Laufe des Lebens also wandelbar, auch wenn diese Veränderungen sich eher im Lauf von längeren Prozessen vollziehen. Ebenso sind situative Varianten im Verhalten – und damit situativ bedingte Standorte – im Koordinatenkreuz denkbar. Der Spielraum dafür kann größer oder kleiner sein. Er ist beeinflusst davon, wie stark die Person am bevorzugten Standort verankert ist. Ist sie sehr stark verankert, erfordert eine Veränderung des Standorts einen sehr hohen Energieaufwand. Eine Rolle spielt

Tab. 2.1 Produktive Aspekte und blinde Flecken der Dimensionen Ergebnisorientierung und Beziehungsorientierung in beruflichen Gesprächen. (Nach Gellert und Nowack 2010, S. 178)

	Beziehungsorientierung	Ergebnisorientierung
Produktive Aspekte	Die Fähigkeit, – zu schlichten und zu vermitteln, – kooperativ und integrierend zu wirken, – viel positives Feedback zu geben und – Kompromissvorschläge zu machen.	Die Fähigkeit, – das Ziel im Blick zu behalten, – Arbeitsprozesse in Gang zu setzen, – für Informationsfluss zu sorgen, – Sachprobleme zu beschreiben, – Ergebnisse zusammenzufassen und – Frustrationen/Enttäuschungen auszuhalten.
Blinde Flecken	Die Gefahr, – eigene Bedürfnisse zu übersehen, – negative Gefühle zu ignorieren, – Distanzbedürfnissen nicht nachzugeben, – Rettertendenzen zu zeigen, vgl. Kap. 6 (Dramadreieck) – die Bedeutung der Aufgabe falsch einzuschätzen – die Bedeutung von Konflikten falsch einzuschätzen.	Die Gefahr, – die eigenen Gefühle zu missachten, – nicht wahrzunehmen, was zwischenmenschlich, auf der Beziehungsebene passiert – nicht wahrzunehmen, wie sich die Gruppendynamik auswirkt – ohne Bedürfnis nach Zuwendung andere vor den Kopf zu stoßen bzw. zurückzuweisen.
Ausgleich	Verhaltensweisen, die blinde Flecken verkleinern: – Dissens und Distanz aushalten – Eigene Bedürfnisse formulieren – Abwarten	Verhaltensweisen, die blinde Flecken verkleinern: – Gefühle wahrnehmen und äußern – die Beziehungsebene thematisieren – den Prozess wahrnehmen – Verantwortung abgeben – Zuwendung geben und annehmen.

auch, wie belastend eine Situation erlebt wird. Je stressbelasteter eine Situation, desto geringer die Energieressourcen und desto kleiner der Spielraum für eine situative Veränderung des Standortes.

Persönlichkeitsstile beeinflussen den Verlauf beruflicher Gespräche. Es ergeben sich jeweils produktive Aspekte, aber auch blinde Flecken aus den beiden Dimensionen Ergebnisorientierung und Beziehungsorientierung. Sie sind in Tab. 2.1 zusammengestellt.

Reflexion

Schätzen Sie sich selber ein: Wie wichtig ist Ihnen die Ergebnisorientierung bzw. die Beziehungsorientierung in Ihrer Arbeit? In welchen Situationen arbeiten Sie eher ergebnisorientiert, in welchen Situationen eher beziehungsorientiert? Welche Vorgehensweise überwiegt? Verwenden Sie für Ihre Einschätzung die in Tab. 2.1 zusammengestellten Kennzeichen.

Der Spielraum für die Positionierung im Riemann-Thomann-Modell hängt nicht nur vom Einzelnen ab, sondern auch von der Arbeitskultur im Unternehmen und der Art der Arbeit. Verwaltungsorganisationen beispielsweise wird eine eher auf Dauer gestellte Arbeitskultur nachgesagt. Mitarbeitende mit ausgeprägter Orientierung am Neuen müssen sich anpassen oder werden an den langen Verwaltungswegen verzweifeln. Hierarchisch geführte Großunternehmen wagen sich alle halbe Jahre an eine Umstrukturierung, Mitarbeitende müssen dort mit einer Arbeitskultur des Wechsels klarkommen. Ebenso wird einem weniger hierarchisch organisierten IT-Unternehmen eine eher auf Wechsel orientierte Arbeitskultur nachgesagt. Wer innovativ sein möchte, muss sich an Änderung und Umstellung ausrichten. Auch ist der Stellenwert von Dauer oder Wechsel in Fachkulturen und Projektmethoden unterschiedlich stark ausgeprägt. Während etwa bei den agilen Methoden der Software-Entwicklung dem immer wandel- und anpassbaren Prozess viel Spielraum gegeben wird, stand bislang im Systems-Engineering in der Maschinentechnik eher die systematische Bearbeitung eines vorgängig definierten Weges im Vordergrund. Hier gibt es aber Annäherungen zwischen den Projektmethoden. Es gibt zum Beispiel Versuche, in der Auto-Industrie mit Scrum zu arbeiten.

Im Fallbeispiel erhält die Dimension der Beziehungsorientierung ein besonderes Gewicht durch die persönliche Freundschaft zwischen Chef Zügig und Schichtleiter Freund. Dadurch haben sie einen intensiveren Austausch. Die Schnittmenge zwischen der privaten Welt und der Organisationswelt ist deutlich größer. Es fließen auf diese Weise viel mehr Informationen zwischen den beiden hin und her. Diese persönliche Konstellation beeinflusst den Vorgesetzten, aber auch den fachlichen Umgang mit der Aufgabe.

2.3 Verschiedene Bezugswelten

Jeder Mitarbeiter bewegt sich mit seinem Persönlichkeitsstil in verschiedenen Bezugswelten. Schmid und English (2008, Kap. 4) unterscheiden die Privatwelt, die Fachwelt und die Organisationswelt, siehe Abb. 2.2.

Aus der Privatwelt bringt der Mitarbeitende seine Persönlichkeit und seine persönliche Lebenssituation mit. Lebt er alleine, in einer Partnerschaft oder Familie, sind Geschwister, Kinder oder betagte Eltern, kranke Familienmitglieder zu betreuen? Gilt es, einen großen Garten zu pflegen, lange Pendeldistanzen zur Arbeit zu überwinden, das Engagement in Sport und Vereinen oder für die Musikband mit den zeitlichen Anforderungen der Arbeit zu verbinden? Die eigenen Wünsche an die Lebenssituation oder die Anforderungen, die aus der Lebenssituation resultieren, stehen in einer Wechselwirkung mit Motivation, Engagement und der daraus resultierenden Leistungsfähigkeit.

Von Ausbildung, Studium und fachlichen Interessen ist die Fachwelt geprägt. Fachliches Wissen und fachliche Orientierungen werden erworben und, damit verbunden, typische Denkmuster und Wahrnehmungsweisen entwickelt. Vogler (2008) charakterisiert als typisch für den technikwissenschaftlichen Denkstil, dass Theorie, Erfahrung und experimentell gewonnenes Wissen miteinander verbunden werden. Ein für Ingenieure typisches

Abb. 2.2 Drei-Welten-Modell
der Persönlichkeit. (Schmid
und English 2008)

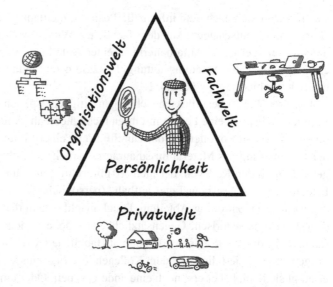

Denkmuster ist von daher die Abduktion, die Verbindung von Regel und Beispiel. Es kommt weniger auf Wahrheit oder universelle Gültigkeit an, sondern eher auf Widerspruchsfreiheit, auf hohen Erklärungs- und Voraussagewert. Nützlichkeit und Anwendbarkeit des Gefundenen haben einen hohen Stellenwert. Die Vorhersagefunktion ist wichtiger als die Erklärungsfunktion. Die daraus resultierende Arbeitsweise ist gründlich und genau, strebt Vollständigkeit an. Es wird rigoros strukturiert. „Im Mittelpunkt steht die Erreichbarkeit des technischen Ziels" (Vogler 2008, S. 116).

Beim Denken wird daher vor allem vorweggenommen, antizipiert und traditionell wenig reflektiert. Und daher gibt es praktisch – so Vogler – keine disziplininternen Sprachformen für Mehrdeutigkeiten. Es stehen sich gegenüber:

> ... äußerste sprachliche Konkretion (in Form von technischen Zeichnungen, Gegenstandsbenennungen) ... [und] ... äußerste sprachliche Abstraktion (In Form mathematischer Formeln oder naturwissenschaftlich-theoretischer Begriffe) (Vogler 2008, S. 135).

Weil es keine Sprachformen für Mehrdeutigkeiten gibt, geraten „die komplexen Zusammenhänge zwischen Technik und Gesellschaft" nicht in den Blick. Das hat auch Folgen für die Wahrnehmung: Weniger Strukturiertes, definitorisch nicht genau Bestimmbares erscheint als weniger wichtig und wird deshalb auch wenig beachtet – so lange, bis die fachliche Orientierung auf die Realität der Zusammenarbeit in einem Unternehmen oder in einer Organisation trifft.

Denn die Unternehmens- bzw. Organisationswelt schließlich bindet die Person, ihre Lebensumstände und ihr fachliche Orientierung in den organisatorischen Rahmen ein. Branche, Größe und Organisationsform des Unternehmens beeinflussen, welche Erfahrungen möglich werden. Die Mitarbeiterin nimmt eine formelle Position in der Hierarchie ein, ist Teammitglied oder Teamleiterin, arbeitet in Abteilung A oder Division B. Und sie erarbeitet sich auch eine informelle Position, die dann mit über ihre Entwicklung im Unternehmen entscheidet. Aus dem fachlichen Wissen wird Erfahrungs- und Unternehmenswissen, sei es als Mitarbeiterin in einer Abteilung oder in einem Projektteam, sei es als Projekt- oder Abteilungsleitung. Das „So macht man das fachlich." wird zum „So machen wir hier das.", vgl. Kap. 1.

Die drei Welten beeinflussen sich gegenseitig. Sie spielen mehr oder weniger gut zusammen: Wie passt eine Person mit ihren fachlichen Fähigkeiten in die Organisationswelt hinein? Wenn sie vor allem an der Durchführung einer Simulation interessiert ist oder an der Optimierung des Materialflussdiagramms arbeiten möchte, fühlt sie sich womöglich gestört durch den Kollegen, der nicht 10 min ruhig sein kann, und sie ständig mit seinen Erlebnissen vom gestrigen Tage „aufhält" (persönliche Gegensätzlichkeit). Oder es ärgert sie, wenn die Controlling-Abteilung Druck macht wegen der Kosten, die angeblich nicht drin sind (organisatorische Gegensätzlichkeit). Oder ein anderer Kollege kritisiert, dass sie (angeblich) die Werte falsch erhoben hat (fachliche Gegensätzlichkeit, mit persönlichen Folgen): Sie verliert die Lust, dem Kollegen ihre Ergebnisse pünktlich weiterzuleiten. Da erledigt sie doch lieber erst noch eine andere Arbeit. Oder umgekehrt und positiv gewendet: Der Kollege und sie gehen gemeinsam in die Pause und von spannenden Gesprächen erfrischt kehrt sie nach der Pause mit viel Vergnügen an die Arbeit zurück. Oder mit dem Controller verständig sie sich in einer frühen Phase über den möglichen Kostenrahmen und ihr fachlicher Ehrgeiz ist geweckt, eine fachlich und ökonomisch passende Lösung zu entwickeln. Oder sie diskutiert mit dem Kollegen über die Vor- bzw. Nachteile der verschiedenen Erhebungsmethoden. Sie freut sich, dass sie ihre Fachkenntnisse in diese Diskussion einfließen lassen kann, lernt von den Fachkenntnissen des Kollegen und beschließt, dieses spannende Thema weiter im Auge zu behalten.

Wie passt eine Person mit ihrer persönlichen Lebenssituation und ihren fachlichen Fähigkeiten in die Organisationswelt hinein? Etwa weil sie gestresst reagiert, wenn kurzfristig Überstunden anstehen, wo sie doch im Sportverein zugesagt hatte, die Trainingsgruppe am Abend zu übernehmen (organisatorische Gegensätzlichkeit), oder weil sie zum x-ten Male einfach nur rasch eine Arbeit abschließen musste, weil gerade die Wohnung renoviert wird und deshalb einfach zu wenig Zeit da ist (persönliche Gegensätzlichkeit). Oder weil sie sich gelähmt fühlt, weil sie ihre neuen Aufgaben ohne eine Weiterbildung gar nicht mehr qualitätsvoll bewältigen kann, für eine Weiterbildung aber das nötige Geld fehlt (fachliche Gegensätzlichkeit). Oder umgekehrt und positiv gewendet: Sie muss lernen, an der einen oder anderen Stelle nein zu sagen, sie muss überdenken, ob sie die angemessenen Schwerpunkte setzt und mit dem Vorgesetzten über Weiterbildungsmöglichkeiten sprechen.

> Sich in diesen Welten zu bewegen heißt, in verschiedene Rollen zu schlüpfen. Man ist zugleich Kollege und Freund, fachlicher Experte und Abteilungsleiter, fachlicher Kollege und Konkurrent, Vorgesetzter und Freund, Trainer und Mitarbeitender oder

> Mieter und Mitarbeitender, … Manchmal ergänzen sich die Rollen. Sie können jedoch auch in Widerspruch zueinander geraten.

2.4   Das Kommunikationsmodell Common Ground

Wie kann nun ein Individuum den Ausgleich zwischen den verschiedenen Bezugswelten erreichen, Widersprüche geringhalten oder austarieren?

Einen angemesseneren Ausgleich zwischen Privatwelt und Organisationswelt, die Orientierung am Ergebnis, könnte Abteilungsleiter Zügig vorbereiten, indem er ein klares Signal setzt, dass jetzt der informelle (private) Teil des Gesprächs abgeschlossen ist:

Abteilungsleiter Zügig	*Ernst* Aber lasst uns nun zur Sache kommen. Ich habe Sie beide hergebeten wegen der Störungen in der Montagelinie 3. Seit zwei Monaten läuft die Linie nicht mehr störungsfrei und ich würde gerne von beiden hören, wie Sie die Sachlage beurteilen.

Der Einstieg in das Thema Störung ist nun ausdrücklich signalisiert – ebenso wie der Wunsch, dass beide Schichtleiter ihre Sicht der Dinge darlegen. Der Eiertanz um die Anredeform Du/Sie wird notwendig, da Chef Zügig den einen Mitarbeiter duzt, den anderen siezt. Abteilungsleiter Zügig könnte zusätzlich noch den Druck der Geschäftsleitung erwähnen:

Abteilungsleiter Zügig	*Ernst* Seit zwei Monaten läuft die Linie nicht mehr störungsfrei. Die Geschäftsleitung ist verärgert, weil das Problem schon so lange besteht und macht jetzt Druck, dass die Störung möglichst schnell beseitigt wird. Bevor wir aber Maßnahmen überlegen, würde ich gerne von Ihnen beiden hören, wie …

So formuliert, beendet der Abteilungsleiter nicht nur den privaten oder Small-Talk-Teil des Gesprächs, sondern schließt beide beteiligten Schichtleiter ein. Er nimmt an, dass beide eine Einschätzung der Sachlage mitteilen können. Zugleich formuliert er als Vorgehen, zunächst den Sachverhalt aus diesen unterschiedlichen Perspektiven zu erfassen und erst danach über Maßnahmen (Lösungsvorschläge) zu sprechen. Die Antworten seiner Mitarbeiter würden ihm entsprechend leichter klarmachen, ob seine Annahme zutrifft. Wenn Schichtleiter Freund ihm jetzt antwortet „Du weißt ja, wie es meiner Meinung nach aussieht." kann er leicht registrieren, dass Freund den Schichtleiter-Kollegen Neuling und dessen Perspektive außen vorhalten möchte und er könnte nachbessern: „Ja, ich erinnere mich, dass wir darüber schon mal gesprochen hatten. Sag doch noch mal für uns alle, was deiner Ansicht nach Sache ist." Die Annahme (oder der Wunsch) von Schichtleiter

Kommunikation als gemeinsame Arbeit an einem Ziel

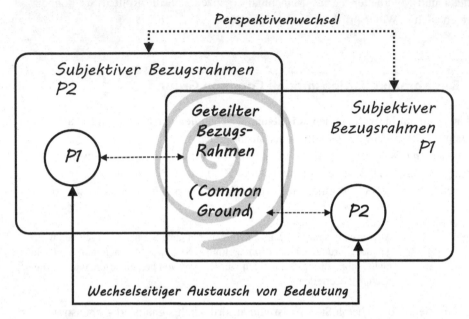

Abb. 2.3   Das Kommunikationsmodell Common Ground. (nach Bromme et al. 2003, S. 99)

Freund, den Kollegen Neuling aus der Klärung draußen halten zu können, würde durch diese Antwort nicht akzeptiert und Freund müsste nun „nachbessern".

Das Gespräch entwickelt sich so auf der Basis gegenseitiger Annahmen (Lobin 2014, S. 53) Schritt für Schritt in einem Prozess auf ein (gemeinsames) Ziel hin. In der zweiten Version des Gesprächs auf das Ziel, durch die Klärung der Sachlage eine breit abgestützte Lösung zu erhalten, vgl. Abschn. 2.6. Eine Zielorientierung gibt es ebenso bei der weniger gelungenen Variante, aber nicht im kooperativen Sinne. Schichtleiter Freund verfolgt in der Gesprächsvariante sein (verborgenes) Ziel, den Kollegen aus dem Gespräch auszuschließen – und damit ein für die Lösung des Problems wenig konstruktives Ziel. Schichtleiter Neuling reagiert auf die Ausschlussversuche zunächst ironisch und dann mit Vorwürfen. Jeder Gesprächsverlauf beruht auf Annahmen (deren Geltung nicht sicher ist) und daher ist ein ständiges Nachjustieren der Annahmen erforderlich. So wie es Abteilungsleiter Zügig tut, wenn er registriert, dass Schichtleiter Freund erst auf Problemlösungskurs gebracht werden muss.

Wird der Verlauf von Gesprächen so beschrieben, liegt der Akzent auf der gemeinsamen Arbeit an einem Ziel, wie in Abb. 2.3 dargestellt.

Die gemeinsame Arbeit an einem Ziel macht aus dem je individuellen Bezugsrahmen der Beteiligten durch das Gespräch – den Gesprächsprozess – einen gemeinsamen, geteilten Bezugsrahmen, einen Common Ground. Er entwickelt sich durch den wechselseitigen Austausch und den damit verbundenen Perspektivenwechsel und wird umso stabiler, breiter, tragfähiger, je intensiver der Austausch ist. Je mehr Interaktion stattfindet, umso größer wird der Common Ground. Im Englischen wird dieser Prozess auch „negotiating meaning" genannt – das Aushandeln einer dann geteilten Bedeutung, die die Basis für konstruktive Kommunikation ist.

> Je größer der gemeinsame, geteilte Bezugsrahmen der Gesprächspartner ist, desto besser stehen die Chancen für eine effektive Verständigung.

Das Kommunikationsmodell Common Ground geht zurück auf die Sprachwissenschaftler Herbert Clark, Edward Schäfer und Susan Brennan (Clark und Schäfer 1989; Clark und Brennan 1991). Clark hat diesen Ansatz 1996 in seinem Buch „Using Language" ausführlich dargestellt. Er beschreibt, dass die Beteiligten kooperieren (müssen), um sich zu verständigen. Sie verständigen sich zum Beispiel darüber, wie eine Situation einzuschätzen ist oder was getan werden muss. Alle Beteiligten haben zunächst ihren individuellen Bezugsrahmen und daraus muss im Austausch ein geteilter Bezugsrahmen, ein Common Ground, entwickelt werden.

In der Kommunikation am Arbeitsplatz spielen für das Entwickeln des Common Ground die verschiedenen Bezugswelten eine Rolle. Mit der Zugehörigkeit zu verschiedenen Bezugswelten (Schmid und English 2008; Abschn. 2.3) und innerhalb der Bezugswelten wiederum zu unterschiedlichen Gemeinschaften verbinden sich (implizite) Erwartungen an die jeweils damit verbundenen Kompetenzen. Beispiele für die verschiedenen Bezugswelten, darin unterscheidbarer Gemeinschaften und daraus ableitbarer Erwartungen an die Kompetenzen sind in Tab. 2.2 festgehalten.

Was lässt sich mit Bezug auf das Fallbeispiel über den Common Ground bei beiden Schichtleitern, Freund und Neuling, sagen? In der Privatwelt von Freund spielt offensichtlich das Interesse an der Sportart Fußball eine Rolle. Ob das auch bei Neuling der Fall ist, bleibt offen. Jedenfalls hätte er sich bei einem besonderen Interesse an dem Thema gut noch in den Small Talk zwischen Zügig und Freund einschalten können. Er tut das aber nicht. Eventuell, weil er nicht zur Gemeinschaft der Fußballfreunde gehört – und entsprechend keine Kompetenz hat, zu dem Gespräch über Fußball etwas beizusteuern. Es könnte aber auch sein, dass er in seiner Beziehungsorientierung auf Distanz gepolt ist („Private Gespräche gehören nicht hierher.") und deshalb diesen geteilten Bezugsrahmen gar nicht sichtbar werden lässt. Hinsichtlich der Privatwelt gibt es also offensichtlich keinen besonders großen geteilten Bezugsrahmen.

Hingegen verfügen beide Schichtleiter hinsichtlich der Organisationswelt über eine gemeinsame Wissensbasis, da sie ja beide Mitarbeitende führen. Dieser geteilte Bezugsrahmen spielt im Gespräch auch tatsächlich eine Rolle – allerdings im kritischen Sinne, denn Neuling gibt dem Kollegen Schichtleiter gute Ratschläge: „Deine Leute müssen nur die andere Einstellung wählen." Die Leitungsfunktion wird damit nicht als gemeinsame

Tab. 2.2 Zugehörigkeit zu einer Gemeinschaft und Erwartungen an die damit verbundenen Kompetenzen. (In Anlehnung an Clark 1996, S. 103)

Bezugswelt als Basis für die Kompetenz	Beispiele von Gemeinschaften innerhalb der Bezugswelt	Beispiele für die Kompetenz durch die Zugehörigkeit zu einer Gemeinschaft
Privatwelt	Freundeskreis	– Beziehungen aufbauen und gestalten können, – andere zu gemeinsamen Aktivitäten motivieren
	Vereinszugehörigkeit	– Sportart beherrschen (Fußball, Bogenschießen)
	Kirchengemeinde, Partei, politisch-gesellschaftliche Verbände	– Werte vertreten und durchsetzen, – Diskussionsfreude
Fachwelt	Studienjahrgang, Lerngruppe, Ausbildungsklasse	– Fachliches und methodisches Wissen, – aktueller Wissensfundus
	Zugehörigkeit zu einem fachlichen Netzwerk, Berufsverband	– Abos, Blogs, Chats, Fachportale, Fachzeitschriften lesen, um über aktuelle Probleme und Trends orientiert zu sein, – ebendort Beiträge schreiben, um eigenes Wissen weiterzugeben
Organisationswelt	Führungskräfte	– Personalauswahl, – Mitarbeitende motivieren, – Aufgaben delegieren
	Mitarbeitende mit Fremdsprachenkenntnissen	– Telefongespräche mit Kollegen der Niederlassung in Bolivien führen, – Fachaufsatz schreiben
	Erfahrene Mitarbeitende	– Erfahrungsschatz „so machen wir das" nutzen, – Prozesse leben

Wissensbasis für eine Verständigung genutzt, sondern als „Kampffeld" – oder Boxkampf, wie es in Kap. 7 heißt. Aufgrund der längeren Zugehörigkeit zum Unternehmen verfügt Freund auch über einen größeren Erfahrungsschatz – den er tatsächlich auch im beharrenden Sinne anführt. Er adressiert diese Erfahrung aber nicht an den Schichtleiterkollegen, sondern nur an den Abteilungsleiter: „Marcel, ich schlage als Sofortmaßnahme vor, dass wir wieder mit dem alten Material arbeiten." Auch in diesem Punkt kooperiert er nicht mit dem Schichtleiterkollegen, um die gemeinsame Wissensbasis zu erweitern, sondern grenzt ab. Trotz deutlicher Anknüpfungspunkte wird also der geteilte Bezugsrahmen gerade nicht erweitert, Verständigung findet nicht statt.

Reflexion

Welchen Gemeinschaften gehören Sie in Ihrer Privatwelt, Ihrer Fachwelt, Ihrer Organisationswelt an? Welche Kompetenzen sind damit verbunden?

Der Common Ground für Gesprächspartner in einem Unternehmen oder einer Organisation ist geprägt durch die Unternehmenskultur. Was sind die (sichtbaren) Gepflogenheiten, wie etwa Begrüßungs- und Bekleidungsrituale oder die Gestaltung der Arbeitsplätze? Auf welchen Einstellungen beruhen diese Rituale und welche Werte liegen Ritualen und Einstellungen zugrunde? Rituale, Einstellungen und Werte sind Ausdruck der ungeschriebenen Gesetze in einem Unternehmen. Sie haben Einfluss nach innen, beeinflussen beispielsweise, wie gut es einer Person bei ihrer Arbeit gefällt. Sie haben aber auch Einfluss nach außen, beeinflussen beispielsweise, wie das Unternehmen von Bewerbern, Konkurrenten oder Kunden wahrgenommen wird. Sie gehören auch zum Common Ground und Mitarbeitende müssen sich diese ab und zu bewusst machen, um Fallstricke in Gesprächen zu vermeiden oder Veränderungen anzustoßen. Wer bestimmt die Unternehmenskultur?

Welchen Einfluss haben zum Beispiel Hierarchien auf die Unternehmenskultur? Welchen Umgang miteinander prägen sie? Gibt es in einem mechanistischen Sinne einen eher autoritären Umgang mit Belohnungen und Bestrafungen oder im organischen Sinne einen eher kooperativen Umgang mit viel Austausch? Bei einem eher autoritären Umgang sind Wissensbasis und geteilter Bezugsrahmen eher von oben gesetzt und alle Beteiligten finden sich darin ein. Positiv formuliert: Sie finden sich leicht zurecht. Die Gefahr ist, dass so wertvolles Wissen nicht Bestandteil des Common Ground werden kann, weil der Austausch zu wenig zugelassen wird. Oder umgekehrt: die Mitarbeitenden müssen wesentlich mehr Energie aufwenden, um diese Erweiterung möglichst doch situativ zu erreichen (Kap. 4). Ein eher kooperativer Umgang erhöht dagegen die Chance, die Wissensbasis zu erweitern, den geteilten Bezugsrahmen ausbauen zu können. Das verbessert nicht nur die Fähigkeiten, Aufgaben kompetent zu bearbeiten. Es macht auch zufriedener und erhöht so Motivation und Engagement, eine Aufgabe gut zu bearbeiten.

Oder sind es die Experten, die die Unternehmenskultur wesentlich prägen? Unter den Experten bleibt die gemeinsame Wissensbasis gesichert. Positiv formuliert: Sie sind ganz vorne mit dabei, bei der aktuellen technologischen Entwicklung, bei den aktuellen Produkt- oder Vertriebsideen. Umgekehrt besteht die Gefahr, dass die Experten auch ihren Expertenstatus gegeneinander zu kultivieren suchen. Das kann leicht verhindern, dass der Common Ground erweitert wird. Expertenstatus gewinnt man auch durch Abgrenzung von Nicht-Experten. Mit der Folge, dass der geteilte Bezugsrahmen nicht ausgebaut, die Wissensbasis nicht erweitert wird. Schnell wird das Gegenüber als Nicht-Experte taxiert und als solcher im Gespräch nicht ernst genommen oder gar ausgegrenzt. Auch dadurch können Möglichkeiten verschenkt werden, den Common Ground zum fachlich-organisatorischen Nutzen und zur Zufriedenheit aller Beteiligten zu erweitern.

Oder sind es die Mehrheiten, die die Unternehmenskultur wesentlich prägen? Mit der Folge, dass alles die immer gleichen geordneten Bahnen läuft. Die Wissensbasis, der geteilte Bezugsrahmen wird nicht durch den Austausch mit denen, die Minderheiten repräsentieren, erweitert. Solange das Umfeld sich nicht verändert, stellt dieser Common Ground den Erfolg sicher. Die Impulse für Veränderungen werden dabei leicht übersehen.

Der Common Ground wird ebenso geprägt durch die Digitalisierung unserer Lebenswelt(en). Er wird deutlich komplexer, denn Privatwelt, Fachwelt und Organisationswelt sind nicht mehr so klar getrennt, sie überlagern sich zunehmend.

Einerseits reicht die Privatwelt immer stärker in die Organisationswelt hinein. Nicht mehr der Apparat (Telefon, stationärer PC, Wartungskoffer) organisiert Arbeit und Kommunikation, sondern der persönliche Account – an welchem Apparat auch immer genutzt. Tablet oder Smartphone sind geschäftlich, werden aber auch privat genutzt – oder umgekehrt. Die Unabhängigkeit vom Ort führt vielfach auch zu einer Unabhängigkeit in der Zeit. Die Organisationswelt reicht immer deutlicher in die Privatwelt hinein: Feierabend oder Ferien? Ob das „Pling" im E-Mail oder in WhatsApp nun privat oder geschäftlich ist, zeigt erst der Blick auf das Display – und dann ist man schon mal dran. Und Bahn oder Auto, Schwimmbad oder Sofa werden so eben auch ein Arbeitsplatz. Das Verschwimmen der Welten vergrößert jedoch die Chancen für eine Erweiterung des Common Ground gerade nicht, denn Zeit- und Ortsunabhängigkeit verführen dazu, auf Gespräche zu verzichten – und der Common Ground ist vorzugsweise ein Feld der mündlichen Kommunikation.

Andererseits reichen die verschiedenen Fachwelten immer stärker ineinander hinein. Die Aufgaben einer digitalisierten Arbeitswelt erfordern in besonderem Maße die Zusammenarbeit zwischen verschiedenen Fächern. Ebenso ist der Zugang zu Fach-Informationen weniger exklusiv. Wie beim Verhältnis zwischen Privatwelt und Organisationswelt steigt die Zahl der Möglichkeiten. Der geteilte Bezugsrahmen wird damit zugleich weniger fassbar, die Verständigungsprozesse werden schwieriger.

Der Common Ground ist ein wesentlicher Faktor für die Gestaltung von konstruktiven Gesprächen am Arbeitsplatz. Denn in diesen Gesprächen, sei es in der Werkstatt, im Labor, im Büro, auf der Baustelle oder beim Support am Telefon, geht es immer auch darum, die individuell geprägten Privat-, Fach- und Organisationswelten zwischen den verschiedenen Beteiligten in Einklang zu bringen. Perspektivenwechsel und Aushandlungsprozesse sind gefragt. Dazu gehört auch, sich der eigenen Ziele und der Ziele des Gegenübers bewusst zu sein oder zu werden und den Spielraum, den sie bieten, ausloten zu können.

Die Perspektive zu wechseln, den geteilten Bezugsrahmen auszubauen, die Wissensbasis zu erweitern – kurz: das Grounding zu erreichen – das hört sich nach Denk- und Zeitaufwand an. Beides ist jedoch notwendig und lohnenswert, wenn es um konstruktive berufliche Gespräche geht.

2.5   Automatismus der Wahrnehmung durchbrechen

Die Stolpersteine für die Erweiterung des Common Grounds im Gespräch werden schnell klar, wenn man die Wahrnehmung betrachtet.

Wahrnehmung sicherte einst das unmittelbare Überleben: den Angreifer sehen, Bedrohung abschätzen und kämpfen – oder fliehen. Der Dreischritt von Sehen, Bewerten und Handeln verschmilzt zu einem beinahe untrennbaren Ganzen. Das gilt auch in weniger gefährlichen Situationen, wie der folgenden:

Beispiel

Martin nimmt sich vor, am Rande der Sitzung den Kollegen Andreas in einer Finanzierungsfrage um einen Gefallen zu bitten. An sich nichts Großes, aber Andreas müsste schon fünfe gerade sein lassen, wozu er erfahrungsgemäß durchaus bereit ist. Als Martin den Sitzungsraum betritt, sieht er den Kollegen Andreas dort schon sitzen – und entscheidet in Sekundenbruchteilen: Den Andreas lasse ich heute in Ruhe. Auch diese in Sekundenbruchteilen gefällte Entscheidung leitet sich aus dem Dreischritt von

- Sehen (Andreas rutscht unruhig auf dem Stuhl hin und her),
- Bewerten (Andreas ist unruhig) und
- Handeln (Den Andreas lasse ich heute in Ruhe)

ab.

Mit Wahrnehmung wird in diesem Sinne sowohl der Prozess (sehen, bewerten, handeln) als auch das Ergebnis bezeichnet. Sie ist im Kern ein Auswahlprozess mit dem Ziel, Struktur und Ordnung herzustellen oder anders formuliert: Sinn zuzuschreiben.

Die Elemente der Wahrnehmung sind in Abb. 2.4 dargestellt: Damit der Auswahlprozess in Gang kommen kann, werden die Reize aus der Umwelt zunächst über die Sinnesorgane aufgenommen. Sehen, hören, tasten, riechen, schmecken ist mit je eigenen Bedingungen möglich. Hören etwa ist an bestimmte Frequenzen gebunden. Tiere haben einen anderen Frequenzbereich des Hörens als Menschen. Beim Menschen unterscheiden sich die hörbaren Frequenzen auch vom Alter her. Je älter ein Mensch, desto kleiner das Frequenzspektrum, das er hört. Es können schon allein von den Sinnesorganen her nicht alle Reize der Umgebung wahrgenommen und in den Auswahlprozess einbezogen werden. Die Sinnesorgane setzen der Wahrnehmung physische Grenzen.

Neben den Sinnesorganen gibt es viele weitere Filter, die den Prozess der Auswahl von Informationen und der Sinnzuschreibung beeinflussen. Allen Filtern gleich ist, dass man wahrnimmt, was man als sinnvoll erachtet, „worauf man sich einen Reim machen kann". Das Kinderspiel „Stille Post" oder über mehrere Stationen weitergegebene Bildbeschreibungen machen die typischen Phänomene dieses Auswahlprozesses sichtbar. Aspekte, die eigentlich wahrnehmbar wären, werden weggelassen. Ihre Bedeutung wird verschoben. Ihnen wird ein anderes Gewicht zugeschrieben, oder es werden (scheinbar) fehlende Details ergänzt.

Zu den weiteren Wahrnehmungsfiltern gehören individuelle Faktoren wie auch soziale Faktoren (vgl. Pfetzing 2000). Im Grunde spiegelt sich in den Filtern die Biographie eines Menschen.

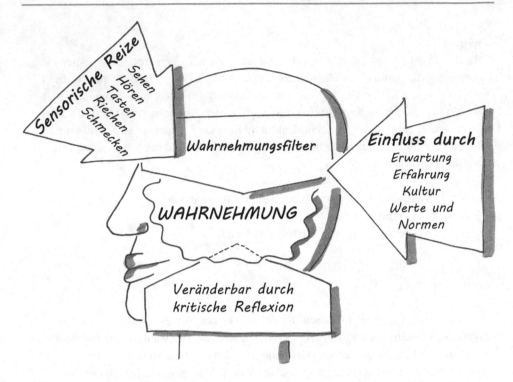

Abb. 2.4 Wahrnehmung. (Bucher 2011, S. 109)

Individuelle Faktoren, die als Filter wirken, sind:

- Die momentane Verfassung, Bedürfnisse und Triebe – Wenn jemand hungrig ist, wird er in einer Straße vor allem die Restaurants wahrnehmen. Wenn jemand ein großes Bedürfnis nach Bestätigung hat, wird er im Gespräch vor allem wahrnehmen, ob seine Projektidee genügend gewürdigt wird.
- Erwartungen und Erfahrungen – Wenn ein Chef einen Auslandsaufenthalt für eine große Chance hält, wird er von einem Mitarbeitenden eine entsprechende Reaktion auf ein Angebot für einen Auslandsaufenthalt erwarten. Wenn Mitarbeitende die Erfahrung gemacht haben, dass das Eingeständnis von Fehlern mit einer Abwertung der eigenen Person verbunden wird, werden sie bei künftigen Fehlern nichts anderes erwarten – und womöglich viel Energie hineinstecken, um Fehler zu verbergen.
- Gefühle – Wenn jemand gedrückter Stimmung ist, wird er vor allem die negativen Reaktionen auf eine Fachpräsentation wahrnehmen – und kann dann womöglich in der Diskussionsrunde tatsächlich nicht so kreativ und kompetent auf die Fragen antworten.
- Einstellungen und Meinungen, Stereotype und Vorurteile – Wenn jemand der Meinung ist, dass zum guten Arbeitsklima ein wöchentliches gemeinsames Feierabendbier dazugehört, wird er den Kollegen, der nie mit dabei ist, als nicht an einem guten Arbeitsklima interessiert einschätzen.

Ebenso wirken soziale Faktoren als Filter:

- Werte, Normen und Regeln – der verweigerte Handschlag wird als soziale Verweigerung oder mangelnde kulturelle Anpassung interpretiert: „Der gehört nicht zu uns." Oder gar: „Der will nicht zu uns gehören."
- Kultur – Ein unterschiedliches Verhältnis zur Zeit kann zu Fehleinschätzungen hinsichtlich der Zuverlässigkeit von Mitarbeitenden führen.
- Bezugsgruppen – Wahrgenommen wird, was die Zugehörigkeit zu einer Bezugsgruppe erkennbar macht. Dazu gehört etwa, die richtige Kleidung zu tragen, die passenden Gadgets zu besitzen, die angesagten Clubs zu besuchen – damit gehört der oder die dazu, wird akzeptiert. Die Zugehörigkeit zu einer bestimmten Bezugsgruppe wahrzunehmen, kann ebenso auch Ablehnung auslösen: Ach, der oder die gehört zu denen?

Frage: Welche Wahrnehmungsfilter werden in den folgenden Wortwechseln wirksam?

1. Ein Mitarbeiter berichtet einem Kollegen: „Mensch Karl, ich hatte nicht daran gedacht, vor Beginn des Arbeitsganges die Einstellungen an der Maschine zu kontrollieren. Dadurch ist das Werkzeug nun beschädigt. Na, dann werde ich mal zum Chef gehen." Darauf antwortet der Kollege: „Wie konnte dir nur so ein Anfängerfehler unterlaufen, du bist doch nun schon einige Zeit dabei. Das hätte ich gerade von dir nicht erwartet, du tust doch immer so allwissend. Und wir müssen das jetzt mit Überstunden und Zusatzleistungen ausbaden." Welcher Wahrnehmungsfilter wird bei Kollege Karl wirksam?
2. Der Kollege stürmt gehetzt ins Sitzungszimmer – gerade noch pünktlich. Die Teamleiterin kommentiert spitz: „Na Wolfgang, das ist ja schon eine deutliche Verbesserung gegenüber deinen sonstigen ständigen Verspätungen. Und wenn du dann auch noch in der richtigen Verfassung aufkreuzen könntest, wären wir alle froh." Wolfgang: „Den Kommentar verstehe ich jetzt gar nicht." Teamleiterin: „Naja, wir geben uns schließlich alle Mühe, damit wir pünktlich anfangen können. Aber bei dir können wir da nie sicher sein, ob du nicht doch deinen Sonderzug fährst." Welcher Wahrnehmungsfilter wird bei der Teamleiterin wirksam?
3. Am Mittagstisch im Personalrestaurant/in der Kantine wird über den neuen Chef gesprochen. Ein Mitarbeiter aus der Abteilung sagt: „Unser neuer Chef fühlt sich wohl zu was Höherem berufen, ständig trägt er Schlips und Kragen." Welcher Wahrnehmungsfilter wird bei dem Mitarbeiter aus der Abteilung wirksam?

Ordnen heißt immer auch, dass ein Ordnungsprinzip zum Tragen kommt und andere Ordnungsprinzipien ausgeschlossen werden. Daher ist Wahrnehmung anfällig für Fehler (vgl. Pfetzing 2000). Typische Fehler in der Wahrnehmung sind:

- Automatische Bewertung – Man nimmt nicht seine Beobachtung wahr, sondern macht sich ein Bild (Andreas rutscht auf dem Stuhl hin und her – Andreas ist unruhig). Oder der berühmte „erste Eindruck": You never get a second chance to make a first impression.
- Soziale Zuschreibung – Nicht Menschen, sondern Rollen bestimmen die Wahrnehmung. Die Vorstellung vom „faden Beamten" lässt jeden Beamten als fade erscheinen, wie umgekehrt die Vorstellung vom „coolen Fitnesstrainer" jeden Fitnesstrainer als cool erscheinen lässt.
- Implizite Persönlichkeitstheorien – Es werden Hypothesen zu Persönlichkeitstypen gebildet. Was ihnen entspricht, wird wahrgenommen, das andere nicht. Es braucht sehr viel, um von der einmal gewonnenen Meinung abzuweichen. So kann beispielsweise eine Hypothese zur Qualität von Schlagzeug-Spielern wirken: Der Gamma-Schlagzeuger kann das Schlagzeug gut bedienen – ist aber ansonsten strohdumm. Und auf genau dieser Folie wird alles wahrgenommen, was die Person tut, und die Überzeugung wird jedes Mal wieder bestätigt.
- Kontrast- und Ähnlichkeitsfehler – Kontrastfehler: Am anderen wird gerade das wahrgenommen, was man selber nicht hat – und der andere deshalb als sympathisch oder kompetent eingeschätzt. Im Volksmund: Gegensätze ziehen sich an. Ähnlichkeitsfehler: Am anderen wird das wahrgenommen, was einem selber sehr vertraut ist. – und der andere deshalb als sympathisch oder kompetent eingeschätzt. Im Volksmund: Gleich und gleich gesellt sich gern.
- „Halo"-Effekt – Wahrgenommen wird das, was als charakteristisch betrachtet wird. Das Versagen in einem Bereich wird als dominant gesetzt. Wenn der Mitarbeiter die eine Aufgabe schon nicht erledigen konnte, wird er die andere Aufgabe erst recht nicht erledigen können. Und so kommt es dann tatsächlich auch. Kritikwürdige Leistung wird auf andere Bereiche übertragen, ebenso funktioniert die Übertragung auch bei guten Leistungen.
- Reihenfolge-Effekt: Nach einer Reihe von sehr gut gelaufenen Projekten wirkt ein nicht optimal gelaufenes Projekt gleich als schiere Katastrophe. Oder auch umgekehrt: Sind einige Projekte nacheinander sehr schlecht gelaufen, erscheint ein Projekt, das etwas besser läuft, in einem viel besseren Licht als angemessen wäre.

Wahrnehmung ist überlebenswichtige Basis für unser Handeln und ebenso störanfällig. Pointiert formuliert nimmt man wahr, was man weiß. Man „macht sich ein Bild". Und dieses Bild löst sowohl Gefühle als auch Handlungen aus. Dem, was man normalerweise für wahr hält, darf man also nicht immer und ohne weiteres trauen. Geht es in Gesprächen um die Aushandlung des gemeinsam geteilten Bezugsrahmens oder wird es schwierig, ist es an der Zeit, den Automatismus der Wahrnehmung zu durchbrechen. Was sind die Beobachtungen? Welche Schlussfolgerungen wurden gezogen? Welche Filter wurden wirksam? Wurden Wahrnehmungsfehler gemacht? Dann ist es sinnvoll nachzufragen, weil man um die Interpretierbarkeit und die Fehleranfälligkeit von Wahrnehmung weiß.

2.6   Sich im Wechsel von Annahmen und Nachjustierung verständigen

Wissensbasis und Bezugsrahmen, der Common Ground, werden in der Regel nicht ausdrücklich ausgesprochen, jedoch nimmt jedes konkrete berufliche Gespräch Bezug auf sie. Alle Äußerungen im Verlauf eines Gesprächs beruhen daher auf Annahmen über diesen Common Ground. Ob die Annahmen berechtigt sind, ist aber keinesfalls sicher, weswegen ein konstruktives Gespräch sich nur durch ständiges Nachjustieren der gegenseitigen Annahmen entwickeln kann (Lobin 2014, S. 53).

Einen konstruktiven Wechsel zwischen Annahmen und Nachjustierung als Basis für die Verständigung zeigt die folgende Variante des Gesprächs aus dem eingangs dargestellten Fallbeispiel. In dieser Variante des Gesprächs übernimmt der Abteilungsleiter den aktiven Part beim Nachjustieren.

	Schichtleiter Freund betritt das Büro mit leichter Verspätung. Abteilungsleiter Zügig und Schichtleiter Neuling warten bereits schweigend. Neuling sitzt ein wenig steif auf seinem Stuhl.
Schichtleiter Freund	*Frisch und gut aufgelegt*
	Morgen, Marcel! Hast du das Spiel gestern gesehen? Dieser Torwart bringt auch gar nichts auf die Reihe!
	Setzt sich locker auf seinen Stuhl.
	Ach, Morgen, Klaus!
Abteilungs- leiter Zügig	*Freundlich*
	Morgen, Heinz!
	Ein wenig genervt
	Ja, habe ich. Der Typ kann gar nichts, ich frage mich, warum der Trainer ihn überhaupt aufs Feld lässt. Aber lasst uns nun zur Sache kommen.
	Ernst
	Ich habe euch beide hergebeten wegen der Montagelinie 3. Seit zwei Monaten läuft die Linie nicht mehr störungsfrei. Die Geschäftsleitung ist verärgert, weil das Problem schon so lange besteht und macht jetzt Druck, dass die Störung endlich beseitigt wird. Bevor wir aber Maßnahmen überlegen, würde ich gerne von beiden hören, wie ihr die Sache seht.
Schichtleiter Freund	Du weißt ja, wie es meiner Meinung nach aussieht. Ich habe es dir ja neulich beim Abendessen bereits erklärt. Wenn wir das so machen, wie ich es gesagt habe, werden wir bestimmt wieder bessere Ergebnisse erzielen.
Abteilungs- leiter Zügig	Hmm, ja, da hast du schon recht Aber ich habe mit der Geschäftsleitung bereits darüber gesprochen. Die wollen mit dem neuen Material weiterfahren wie bisher. Herr Neuling, wie sehen Sie das?
Schichtleiter Neuling	Wie ich das sehe?
	Mit ironischem Unterton
	Ich war bei dem Abendessen nicht dabei.
Abteilungs- leiter Zügig	*Freundlich*
	Entschuldigen Sie, Herr Neuling, Sie fühlen sich übergangen. Diesen Eindruck wollte ich nicht bei Ihnen erwecken. Ihre Meinung dazu ist mir sehr wichtig. Herr Freund hatte vorgeschlagen, dass wir wieder mit den alten Materialien arbeiten sollten. Wie sehen Sie diesen Vorschlag?

Schichtleiter Neuling	*Leicht ironisch* Ich verstehe natürlich den Ansatzpunkt des Kollegen. Wenn alles beim Alten bleibt, muss man nichts ändern. *Ernsthaft* Mal abgesehen davon, dass die Geschäftsleitung sich offenbar festgelegt hat, meine ich, dass das neue Material zusätzliche Optionen bietet. Es löst allerdings zunächst Probleme an der Maschine aus. Die müssen wir in den Griff bekommen.
Schichtleiter Freund	*Zu Neuling, leicht abschätzig* Aber was sollen wir denn deiner Meinung nach tun, Klaus?
Schichtleiter Neuling	*Schnippisch* Wenn deine Leute die richtigen Einstellungen an den Maschinen wählen würden, wäre das doch eine gute Idee.
Schichtleiter Freund	*Herablassend* Deine Leute, deine Leute. Als ob das Problem bei meinen Leuten liegen würde. Jeder kehre vor seiner eigenen Tür.
Abteilungs- leiter Zügig	*Freundlich* Hört sich fast so an, als möchtet ihr vor allem jeweils dem anderen die Schuld in die Schuhe schieben. Ich erkenne nicht, wie uns das in der Lösung des Problems weiterbringt.
Freund und Neuling	*Betreten* … so war das nicht gemeint …
Schichtleiter Freund	*Zögernd* Also aus meiner Sicht liegt das Problem darin, dass das neue Material leichter, aber zugleich auch weniger dehnbar und reißfest ist.
Schichtleiter Neuling	*Zustimmend* Genau. Und deshalb müssen meines Erachtens die Maschinen bei Position 3 etwas langsamer laufen.
Abteilungs- leiter Zügig	*Erfreut* Könnte das funktionieren?
Schichtleiter Freund	*Nachdenklich* Ja, ich glaube schon. Gerade die Einstellungen an dieser Position können wir aber nicht selber anpassen. Wir bräuchten einen Spezialisten, der die Maschine entsprechend konfiguriert. Das könnte der Meier machen.
Abteilungs- leiter Zügig	*Erfreut* Das hört sich doch gut an. Gibt es aus eurer Sicht noch irgendwelche Einwände gegen dieses Vorgehen?
Schichtleiter Freund und Neuling	*Prüfend* Nein, eigentlich nicht.
Abteilungs- leiter Zügig	*Entspannt* Gut, dann probieren wir das so aus. Sind Sie beide einverstanden?
Schichtleiter Freund und Neuling	*Nicken zustimmend*
Abteilungs- leiter Zügig	*Zufrieden* Okay, dann werde ich das Nötige veranlassen und in zwei Wochen ziehen wir Bilanz. Vielen Dank für das Gespräch und noch einen guten Tag.

Abteilungsleiter Zügig beendet den Small Talk mit Schichtleiter Freund klar. Er stellt den Anlass für das Gespräch dar und formuliert an beide Gesprächsteilnehmer adressiert die Erwartung, dass eine gemeinsame Einschätzung der Sache das Problem lösen hilft. Er nimmt also an, dass eine gemeinsame Beschreibung des Problems und eine Lösung in der Sache möglich werden. Schichtleiter Freund bedient diese Erwartung nicht. Indem er seinen Vorschlag vom gemeinsamen Abendessen ins Spiel bringt, versucht er die Lösung nur zwischen sich und dem Abteilungsleiter Zügig herbeizuführen. Schichtleiter Neuling bliebe dabei ausgegrenzt.

Zunächst geht Zügig auch darauf ein und nimmt erst danach einen zweiten Anlauf, die Meinung von Schichtleiter Neuling in Erfahrung zu bringen. Dessen Reaktion zeigt ihm, dass seine Annahme einer störungsfreien Klärung nicht zutreffend ist. Er steuert nach und verbalisiert Neulings Reaktion direkt („Sie fühlen sich übergangen").

Sein neues Angebot bewegt Neuling zu einer Einschätzung in der Sache. Schichtleiter Freund geht von der Formulierung her auf die nun geäußerte Annahme „Wir klären das Problem" ein. Sein leicht abschätziger Tonfall signalisiert, dass er weiterhin nicht auf Lösungskurs ist. Die beiden Schichtleiter Neuling und Freund verstricken sich mit ihren Äußerungen in einer unfruchtbaren Schuldzuweisung.

Nochmals justiert Abteilungsleiter Zügig mit einer Verbalisierung nach: „Hört sich fast so an, als wolltet ihr euch gegenseitig die Schuld in die Schuhe schieben". Er verbindet damit nochmals die Aufforderung, nach einer gemeinsamen Lösung zu suchen. Mit der betretenen Reaktion der beiden Schichtleiter ist nun der Boden für eine konstruktive Lösung bereitet, die auch den geteilten Bezugsrahmen erweitert.

Gespräche können nur dann erfolgreich sein, wenn die gegenseitigen Annahmen und das Nachjustieren mit den Inhalten, um die es geht, koordiniert werden (Clark 1996, S. 319). Sich im Gespräch zu verständigen heißt, die verschiedenen Bezugswelten der Beteiligten in Einklang zu bringen, einen geteilten Bezugsrahmen auszuhandeln.

Frage: Gesprächsvariante erarbeiten

Gehen Sie vom eingangs präsentierten Fallbeispiel aus. Formulieren Sie Varianten des Gesprächs, in denen Schichtleiter Neuling den aktiven Part beim Nachjustieren übernimmt.

2.7 Lösungsvorschläge zu den Fragen

Einordnung ins Rieman-Thomann-Modell

Heinz Freund
Oben links: Ergebnisorientierung/Dauer und Beziehungsorientierung/Nähe.
Indizien dafür sind: Freund ist laut Charakteristik pflichtbewusst (Dauer), sucht Kontakt zu anderen (Nähe) durch persönliche Gespräche. Im Gespräch selber gibt es Indizien für

eine gewisse Abhängigkeit/Unsicherheit durch die starke Orientierung am Vorgesetzten und Freund.

Klaus Neuling
Unten rechts: Ergebnisorientierung/Wechsel und Beziehungsorientierung/Distanz
Indizien dafür sind: Neuling ist laut Charakteristik interessiert an persönlichem Spielraum und hat eigene Ideen (Wechsel), benimmt sich aber beispielsweise gegenüber Freund eher abweisend, ist nicht an persönlichen Gesprächen interessiert (Distanz). Im Gespräch selber gibt es Indizien für rivalisierendes Verhalten (Ironie, „... deine Leute müssen nur ... ")

Welche Wahrnehmungsfilter werden in den folgenden Wortwechseln wirksam?

Zu 1. Individueller Faktor, Erfahrungen. Das Eingeständnis eines Fehlers führt zur Abwertung der Person. Der Mitarbeiter wird beim nächsten Mal vorsichtiger sein, was er dem Kollegen erzählt.

Zu 2. Sozialer Faktor, Verletzung von Regeln. Weil die Kollegin sich selber bemüht, pünktlich zu kommen, ärgert sie sich speziell über den Kollegen, der nicht immer pünktlich ist – und nimmt vor allem die Verletzung der Pünktlichkeitsregel wahr.

Zu 3. Sozialer Faktor, Bezugsgruppe. Mit der Bekleidung signalisiert der Chef seine Zugehörigkeit zur Leitung. Was am Mittagstisch in der Kantine ausgrenzend kommentiert wird: Der gehört zu „denen" und nicht zu uns.

Gesprächsvariante erarbeiten

	Schichtleiter Freund betritt das Büro mit leichter Verspätung. Abteilungsleiter Zügig und Schichtleiter Neuling warten bereits schweigend. Neuling sitzt ein wenig steif auf seinem Stuhl.
Schichtleiter Freund	*Frisch und gut aufgelegt*
	Morgen, Marcel! Hast du das Spiel gestern gesehen? Dieser Torwart bringt auch gar nichts auf die Reihe!
	Setzt sich locker auf seinen Stuhl.
	Ach, Morgen, Klaus!
Abteilungsleiter Zügig	*Freundlich*
	Morgen, Heinz!
	Ein wenig genervt
	Ja, habe ich. Der Typ kann gar nichts, ich frage mich, warum der Trainer ihn überhaupt aufs Feld lässt. Aber lasst uns nun zur Sache kommen.
	Ernst
	Ich war gestern wieder bei der Geschäftsleitung und musste ihnen das Ganze erklären. Ihr könnt euch ja vorstellen, wie der Chef getobt hat. Seit zwei Monaten läuft die Linie 3 jetzt schon nicht mehr störungsfrei.
	Zu beiden gewandt
	Wir müssen das Problem jetzt gemeinsam angehen. Irgendwelche Vorschläge?

Schichtleiter Freund	*Zu Zügig gewandt* Du weißt ja, wie es meiner Meinung nach aussieht. Ich hab's dir ja neulich beim Abendessen bereits erklärt ...
Schichtleiter Neuling	*Schluckt, wendet sich zu Freund, sachlich* ... entschuldige Heinz, wenn ich dich unterbreche. Ich war ja bei dem Abendessen nicht dabei. Kannst du mich updaten, was du vorgeschlagen hattest?
Schichtleiter Freund	*Überrascht und etwas widerwillig* Ich hatte vorgeschlagen, auf das bewährte Material wieder zurückzugehen und so die Probleme zu beheben. Das erscheint mir als das Einfachste.
Schichtleiter Zügig	*Nachdenklich* Damit kommen wir nicht weiter. Ich habe das der Geschäftsleitung vorgeschlagen und sie hat klar gesagt, dass das neue Material gesetzt ist. Wir brauchen einen neuen Anlauf. *Schweigt*
Schichtleiter Neuling	*Nachdenklich, zu Freund gewandt* Marcel, was ist denn aus deiner Sicht das Problem mit dem neuen Material?
Schichtleiter Freund	*Zögernd* Also aus meiner Sicht liegt das Problem darin, dass das neue Material leichter, aber zugleich auch weniger dehnbar und reißfest ist.
Schichtleiter Neuling	*Nickt zustimmend* Ja, das leuchtet ein. ... Was hältst du denn dann von dem Vorschlag, die Maschinen bei Position 3 etwas langsamer laufen zu lassen. Könnte das das Problem beheben?
Schichtleiter Freund	*Nachdenklich* Könnte sein, ist aber sehr mühsam. Die Maschine müsste neu konfiguriert werden, dafür bräuchten wir einen Spezialisten. *Schaut erst Neuling und dann Zügig fragend an.*
Abteilungs-leiter Zügig	*Seufzend* Und der Spezialist muss sein? Gäbe es denn jemanden, der das machen könnte?
Schichtleiter Freund	*Zögernd* Mir käme da der Meier in den Sinn, der könnte das.
Schichtleiter Neuling	*Bestätigend* Ja, das könnte ich mir auch gut vorstellen.
Abteilungs-leiter Zügig	*Sachlich* Okay, dann fasse ich noch einmal zusammen: Wir arbeiten wie von der Geschäftsleitung festgelegt mit dem neuen Material weiter. Die Maschine wird bei Position 3 langsamer laufen und die notwendige Konfigurierung könnte Meier übernehmen. Sind Sie so einverstanden?
Schichtleiter Freund und Neuling	*Nicken bestätigend* Ja, genau.
Abteilungs-leiter Zügig	*Entspannt* Gut, dann werde ich das Nötige veranlassen und über den weiteren Zeitplan informieren. Schönen Tag noch allseits.

Literatur

Bromme, R., Jucks, R., & Rambow, R. (2003). Wissenskommunikation über Fächergrenzen: Ein Trainingsprogramm. *Wirtschaftspsychologie*, *5*(3), 94–102.

Bucher, O. (2011). *Kopfwelten: Was ist wahr an unserer Wahrnehmung?* (2., Aufl.). Zürich: Neue Zürcher Zeitung NZZ Libro.

Clark, H. H. (1996). *Using language*. Cambridge: Cambridge University Press.

Clark, C. H., & Schäfer, E. F. (1989). Contributing to discourse. *Cognitive Science*, *13*, 259–294.

Clark, H. H., & Brennan, S. E. (1991). Grounding in communication. In L. B. Resnick, J. M. Levine & S. D. Teasley (Hrsg.), *Perspectives on socially shared cognition* (S. 127–149). Washington, D.C.: American Psychological Association.

Gellert, M., & Nowak, K. (2010). *Teamarbeit – Teamentwicklung – Teamberatung: Ein Praxisbuch für die Arbeit in und mit Teams* (4. Aufl.). Meezen: Limmer. ISBN 3.928922270. CD mit 40 Handouts

Lobin, H. (2014). *Engelbarts Traum: Wie der Computer uns Lesen und Schreiben abnimmt*. Frankfurt: Campus.

Pfetzing, K. (2000). Wahrnehmung – Sie fördert die Fähigkeit zur Zusammenarbeit und stärkt das Einfühlungsvermögen. In J. Chalupsky & Autorenteam (Hrsg.), *Der Mensch in der Organisation* (S. 211–217). Gießen: Verlag Dr. Götz Schmidt.

Riemann, F. (2017). *Grundformen der Angst* (42. Aufl.). München, Basel: Ernst Reinhardt Verlag. Zuerst 1961

Schmid, B., & English, F. (2008). *Systemische Professionalität und Transaktionsanalyse* (3. Aufl.). EHP-Handbuch systemische Professionalität und Beratung. Bergisch Gladbach: EHP.

Thomann, C., & Schulz von Thun, F. (2017). *Handbuch für Therapeuten, Gesprächshelfer und Moderatoren in schwierigen Gesprächen* (8. Aufl.). rororo Miteinander Reden: Vol. 61476. Reinbek bei Hamburg: Rowohlt.

Vogler, D. (2008). *Der technikwissenschaftliche Denkstil in seiner sprachlichen Manifestation: Dargestellt am Beispiel der Werkstoffwissenschaft*. Angewandte Linguistik aus interdisziplinärer Sicht: Vol. 26. Hamburg: Kovac.

Geht's noch? – Den Gesprächspartner wertschätzen und seine Vorstellungen beachten

3

Zusammenfassung

Wie kann man berechtigte Interessen durchsetzen und den anderen dabei respektvoll behandeln? Gerade wenn sich jemand im Recht fühlt oder es auch tatsächlich ist, kann es leicht geschehen, dass sich ein Gesprächspartner wenig respektvoll verhält. Die Gesprächspartner reagieren darauf mit Widerstand, selbst wenn ihnen bewusst ist, dass sie im Unrecht sind. Ein respektvoller Umgang hingegen sichert Kooperationsbereitschaft. Dieses Kapitel befasst sich mit grundlegenden Techniken der kooperativen Gesprächsführung; nämlich dem Modell der Vier Seiten einer Nachricht, der Statuswippe und den Ich-Botschaften.

3.1 Sich der eigenen Ziele bewusst werden

Im Fallbeispiel arbeiten die verschiedenen Abteilungen eines mittleren Industriebetriebs normalerweise sehr gut zusammen. Die Informationswege sind kurz und unkompliziert. Wenn beispielsweise eine Kundenanfrage bei der falschen Abteilung landet, wird diese schnell und ohne viel Aufhebens an die richtige Stelle weitergeleitet. Bedingt durch das schnelle Wachstum des Unternehmens, kommt das informelle Arbeiten auf Zuruf an seine Grenzen. Es müssen standardisierte Prozesse eingeführt werden, um weiterhin die Effizienz der internen Abläufe sicherzustellen. Die 28-jährige Anna Leicht schloss vor vier Jahren ihr Ingenieursstudium ab und arbeitet seitdem im Betrieb. Als Teamleiterin in der Produktion kümmert sie sich auch um Spezialanfragen von Kunden. Sie erledigt ihre Aufgaben zuverlässig, pflichtbewusst und selbständig. Sie mag ihre Arbeit.

Auch der Werkstattleiter Pascal Schwer kommt gerne zur Arbeit. Er leitet seine Werkstatt seit vielen Jahren sehr autoritär. Pascal ist überzeugt, dass sein Team genau dies an ihm schätzt. Seine Leute wissen immer genau, wo der Hammer hängt. Anna hat mit diesem Verhalten ihre Mühe. Vor allem seit der Implementierung der neuen Prozesse wird die

A. Verhein-Jarren et al., *Gesprächsführung in technischen Berufen*,
Kommunikation und Medienmanagement, https://doi.org/10.1007/978-3-662-53317-8_3

Zusammenarbeit mit Pascal immer schwieriger. Er hält sich buchstabengetreu an die Vorgaben. So fallen manche Dinge unter den Tisch, weil sie einfach noch nicht geregelt sind. Anna glaubt, dass man vieles gut auch ohne explizite Regelung lösen könnte, schließlich hat sie in ihrem Studium und den ersten Berufsjahren einiges an Wissen erworben. Sie glaubt, Pascal misstraut ihr und stellt ihre Kompetenz in Frage. Kurzum: Sie fühlt sich nicht respektiert. Verstärkt wird dieses Gefühl durch die ruppige und autoritäre Art von Pascal Schwer.

Pascal hingegen bewertet die Definition der Betriebsabläufe als äußerst positiv. So wissen alle Mitarbeitenden, woran sie sind. Er kann sich ganz auf seine Werkstatt konzentrieren. Lediglich Anna geht ihm gewaltig auf die Nerven. Ständig will sie ihren eigenen Kopf durchsetzen und außerdem hält sie sich nicht an die Regeln. Pascal hat den Verdacht, dass sie sich für etwas Besseres hält, weil sie studiert hat. Wenn er sich an die Vorschriften hält, erklärt sie ständig, dass es auch anders und einfacher gehen würde. Seine Geduld mit ihr ist allmählich wirklich erschöpft.

Im Fallbeispiel geht es um die turnusgemäße Nachbestellung für einen langjährigen Kunden. Diese wurde fälschlicherweise direkt an die Werkstatt und damit also an Pascal geschickt. Da es aber nicht in Pascals Aufgabenbereich fällt, die Nachbestellung zu prüfen, hat er die Anfrage erstmal liegenlassen. Der Kunde wartet vergeblich auf eine Antwort. Schließlich ruft er bei Anna an – verärgert. Sie weiß von nichts, was ihr furchtbar peinlich ist. Um den Sachverhalt zu klären, bittet Anna den Kunden, ihr die E-Mail noch einmal zu schicken. Als sie feststellt, dass der Auftrag ursprünglich an Pascal ging, denkt sie sich, dass das wohl mal wieder typisch für Pascal sei: Sobald etwas von den geregelten Prozessen abweicht, kümmert er sich nicht mehr darum.

Anna	*Betritt Pascals Büro und räuspert sich.* Wie steht es denn mit der Nachbestellung von Meier?
Pascal	*Sieht desinteressiert von seinen Konstruktionsplänen auf.* Nachbestellung für was?
Anna	*Leicht nörgelnd* Na, die Bestellung für die neuen Spritzgussformen. Meier hatte die ja schon vor einiger Zeit geschickt.
Pascal	*Sehr bestimmt und autoritär* Ich habe nichts. Da müssen Sie eine falsche Information haben.
Anna	*Forschend* Sie haben keine Nachbestellung erhalten? Meier hat sie Ihnen schon letzten Montag geschickt.
Pascal	*Harsch* Nein. Hat er nicht. Und außerdem ist es sowieso falsch, wenn Meier mir das schickt. Ich bekomme meine Aufträge, geprüft von den Konstrukteuren. Sie sollten allmählich die Abläufe kennen.

Für Anna scheint der Fall klar zu sein: Sie möchte klären, was mit der Bestellung ist. Vielleicht wird der Auftrag schon in der Werkstatt bearbeitet. Sonst nichts. Wirklich? Die Art und Weise, wie sie Pascal anspricht – ihr nörgelnder und vorwurfsvoller Ton – lässt darauf schließen, dass sie eine versteckte Agenda verfolgt. Es geht ihr aber nicht um eine Generalabrechnung mit Pascal, was eventuell zu vermuten wäre. Sie möchte Pascal vor Augen führen, dass seine Arbeitsweise ineffizient ist und er die Regeln auch mal vergessen sollte. Ihm sollte klar werden, dass es für die Zusammenarbeit wichtig ist, auch mal auf andere zuzugehen. Solche versteckten Agenden sind jedoch für alle Gesprächspartner mühsam. Luft und Ingham (1955) sprechen in diesem Fall vom blinden Fleck der Selbstwahrnehmung. Dieser bedeutet, dass unser Verhalten dem Gegenüber bewusst ist, aber wir selbst dies nicht wahrnehmen. Daher ist es nötig, dass Klarheit über die eigenen Ziele herrscht, bevor man in eine schwierige Gesprächssituation einsteigt. Und dass dieses Gespräch schwierig werden würde, war Anna von vornherein klar – schließlich kennt sie Pascal gut genug.

> Nur wer sich über seine Ziele im Klaren ist, kann diese auch umsetzen.
> Nur wer weiß, was er vermeiden will, schafft dies auch.

Wie kann sich Anna über ihre Ziele klar werden oder mit anderen Worten: Wie schafft sie es, beeinflusst von dem Ärger über den wahrscheinlich liegengebliebenen Auftrag, ihr eigentliches Ziel herauszuarbeiten?

Zunächst muss sie sich ihre Motive bewusst machen. Oft lohnt es sich, die inhaltliche und emotionale Ebene zu trennen. Inhaltlich scheint der Fall einfach zu sein: Anna ist verärgert über die nicht bearbeitete Bestellung. Meier ist ein wichtiger Kunde, da sollen keine Fehler passieren. Außerdem stellt das Nachforschen bei Pascal einen erheblichen Mehraufwand für sie dar. Denn anstatt dass Pascal die Bestellung einfach weitergeleitet hätte, muss sie nun zu ihm gehen, nachfragen und die Bestellung schlussendlich mit einiger Verzögerung prüfen und in Auftrag geben. Solche Verzögerungen fallen negativ auf ihre Arbeitsweise und den Betrieb zurück.

Für Anna stellt diese inhaltliche Ebene den Aufhänger für das Gespräch dar. Doch würde sie nur einen Moment innehalten und nachdenken, wäre ihr sehr schnell klar, dass es eigentlich um viel mehr geht, als nur um diese Anfrage. Sie vermutet zwar, dass Pascal die fehlgeleitete Bestellung ignoriert hat, möchte sich aber absichern. Natürlich merkt sie, dass sie wegen der unerledigten Bestellung verärgert ist, aber noch mehr regt sie das sture Befolgen der Betriebsprozesse durch Pascal auf. Selbst wenn sie diesen einzelnen Sachverhalt zu ihrer Zufriedenheit klären könnte, wäre die Wahrscheinlichkeit, dass das wieder und wieder passiert, sehr groß. Am meisten ärgert sie, dass Pascal anscheinend nicht mitdenkt und so vieles komplizierter wird. Da sie nichts von der Nachbestellung wusste, steht sie vor dem Kunden als inkompetente Teamleiterin da. Und am meisten ärgert sie, dass Pascal sie anscheinend nicht respektiert.

Pascal hingegen bemerkt an ihren körpersprachlichen Signalen, wie emotional aufgeladen Anna ist. Er nutzt dies aus und lässt sie auflaufen. Anna geht mit Pascal so um, wie es ihrem natural style of commuication (Whitcomb und Whitcomb 2013) und ihrem Temperament entspricht. Durch ihren klaren inhaltlichen Fokus überlegt sie sich nicht, dass ihr kommunikatives Auftreten sie daran hindern könnte, zum Ziel zu kommen. Clifford und Leslie Whitcomb (2013) weisen in ihrem Lehrbuch *Effective interpersonal and team communication skills for engineers* darauf hin, den Einfluss des natural style of communication bei der Zielverfolgung in einem sachlich bzw. technisch orientierten Gespräch unbedingt zu berücksichtigen. Auch wenn es um Sachthemen geht, kommt dieser persönliche Kommunikationsstil unbewusst zum Einsatz. Er vermittelt Meinungen und Gefühle. Diese Signale werden ununterbrochen ausgesendet, während wir sprechen. Zu den Grundelementen des natural style of communication gehören (Whitcomb und Whitcomb 2013, S. 19):

- die Körperhaltung gegenüber dem Gesprächspartner, wie nahe man zum Beispiel der anderen Person kommt oder wie jemand den Raum nutzt (in der Linguistik als Proxemik bezeichnet). Im Gesprächsbeispiel kommt Anna Pascal nicht besonders nahe, da ein Tisch sie trennt. Dass sie ihm jedoch die E-Mail auf den Tisch wirft, kann von Pascal als Übergriff auf „seinen" Raum gedeutet werden.
- die Mimik, also wie sehr teilt sich zum Beispiel eine Person über die Bewegungen ihrer Gesichtsmuskulatur mit? Eine gerunzelte Stirn kann sowohl als besonders konzentriertes Zuhören gedeutet werden, aber auch als Kritik am Gesagten empfunden werden, was den weiteren Gesprächsverlauf stören könnte. Es kann aber auch sein, dass das Licht blendet und der Gesprächspartner mit den Augen blinzelt und dabei die Stirnfalten in Bewegung geraten – dann hat die Mimik nichts mit dem Gespräch zu tun.
- die Modulation der Stimme: Darunter werden unterschiedliche Möglichkeiten zusammengefasst, mit denen die Stimme den Gesprächsinhalt beeinflussen kann, z. B. die Lautstärke, das Tempo und die Tonhöhe. Die Modulation verrät viel über unsere Einstellung gegenüber dem Gesprächspartner. Pascal beispielsweise versucht, sich über Lautstärke und Arroganz durchzusetzen.
- die Wortwahl: Anna trägt ihr Anliegen kurz und bündig vor, da sie genau weiß, was sie will. Andere Menschen holen lieber weiter aus und erläutern ausführlich, was sie vermitteln möchten. Die Whitcombs unterscheiden hier, weil die Tendenz eher sparsam mit Wörtern umzugehen oder lieber ausführlich zu erklären, Einfluss auf das Gegenüber haben kann.

Es gibt kein Falsch oder Richtig für den eigenen natürlichen Kommunikationsstil. Er ist ein Teil der Persönlichkeit, den jede Person kennen sollte, damit sie damit umgehen und seinen Einfluss auf die Gespräche mit Kollegen und Kolleginnen beachten kann. Da diese Muster oft bereits in der frühen Kindheit gelernt und verinnerlicht werden – so wie Gehen, Sprechen und Spielen (Whitcomb und Whitcomb 2013, S. 18) –, werden sie unbewusst im Gespräch eingesetzt. Wer seine Kommunikationsfähigkeiten verbessern möchte, sollte sich also dieser Verhaltensweisen bewusst werden.

3.2 Die vier Seiten einer Nachricht

Anna geht wütend aus dem Büro. Wieder einmal fühlt sie sich von Pascal durch Regeln ausgebremst. Und dabei ist er derjenige, der nichts im Griff hat. Sie beschließt, ihn damit zu konfrontieren, und druckt die weitergeleitete E-Mail aus.

Anna	*Geht erneut zu Pascal ins Büro und knallt ihm triumphierend die E-Mail auf den Tisch.* Sehen Sie, Sie haben sie letzten Montag bekommen. Sie brauchen nur mal auf den Originalmailkopf zu schauen.
Pascal	*Wirft keinen Blick auf den Ausdruck und arbeitet weiter an den Konstruktionsplänen.* Ja, meinen Sie denn, Meier ist der Einzige, von dem ich E-Mails erhalte?
Anna	*Forschend* Also, was ist nun mit dieser E-Mail und der Bestellung passiert?
Pascal	*Desinteressiert und herablassend* Keine Ahnung. Ich habe keine E-Mail erhalten. Vielleicht habe ich sie auch gelöscht. Ich bekomme schließlich auch noch Mails, die tatsächlich für mich bestimmt sind.

Annas Verhalten ist auf den ersten Blick eindeutig und logisch. Sie holt die E-Mail und beweist damit Pascal, dass er die E-Mail erhalten hat, aber nicht darauf reagierte. Sie betreibt Ursachenforschung (Weisbach und Sonne-Neubacher 2015, S. 285 ff.). Ganz so einfach ist es aber nicht. Denn jede Äußerung oder auch Menge von Äußerungen hat nicht nur den Sachinhalt, also das, worüber geredet wird, sondern noch drei weitere Seiten (Schulz von Thun 2008, S. 23–35) vgl. Abb. 3.1.

Der Appell bezeichnet dabei, was der Sender beim Empfänger erreichen möchte. Die Selbstoffenbarung zeigt, was der Sender über sich preisgibt und die Beziehungsseite de-

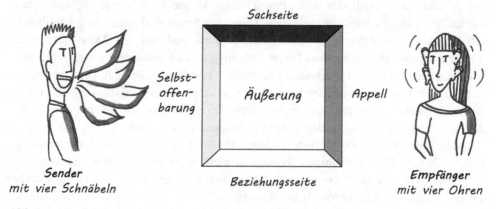

Abb. 3.1 Vier Seiten einer Nachricht. (Schulz von Thun 2008, S. 30)

finiert das emotionale Verhältnis zwischen Sender und Empfänger. Sie zeigt, wie der Sender zum Empfänger steht, was er von ihm denkt oder auch wie beide zueinander stehen. Auf dieser Ebene kann es besonders häufig zu Missverständnissen und Problemen kommen. Die meisten reagieren hier sensibel, denn auf der Beziehungsseite fühlt sich der Empfänger persönlich angesprochen. Anzeichen von mangelndem Respekt oder Ressentiments werden von vielen mit sehr feinen Antennen wahrgenommen. Beziehungshinweise werden meist nicht explizit vorgenommen. Explizit bedeutet hier, dass diese ausdrücklich formuliert werden. Stattdessen werden Beziehungshinweise häufig auf einer impliziten Grundlage gedeutet. Implizit bedeutet, dass der Beziehungshinweis nicht direkt ausgesprochen oder formuliert wird. Die nichtsprachlichen Elemente, die auf der Beziehungsseite zum Tragen kommen, erschweren damit die richtige Deutung. Nichtsprachliche Elemente sind Betonung und Körpersprache. Damit kann man Aussagen verschärfen oder auch entschärfen. Der Ton (und das Verhalten) macht die Musik. Man sollte sich bewusst sein, dass man nicht nicht kommunizieren kann (Watzlawick et al. 1969, S. 53). Implizite Botschaften können sich aber auch in der Wortwahl verstecken. Wenn jemand beispielsweise in einer Diskussionsrunde ein „Haben Sie etwa noch Fragen?" in die Runde wirft, versteckt der Sprecher implizit noch eine andere Aussage. Solch eine Aussage könnte sein „Haben Sie das immer noch nicht verstanden?" Das „etwa" fungiert wie ein Marker, der die implizite Botschaft übermittelt. Man sollte sich also immer klar darüber sein, dass man nicht nur explizit mit der Wortbedeutung kommuniziert, sondern dass die konkrete Wortwahl, die Betonung und die körpersprachlichen Signale Botschaften übermitteln, die den Inhaltsaspekt sogar noch überlagern können.

Überträgt man das Modell auf das Beispiel, dass Anna die ausgedruckte E-Mail als Beweismittel auf den Tisch knallt, können die vier Ebenen folgendermaßen interpretiert werden: Auf der Sachseite zeigt Anna lediglich, dass diese E-Mail an Pascal verschickt worden war. Als Selbstoffenbarung bringt sie zum Ausdruck, dass sie sehr wütend und verärgert ist. Dies macht sie hauptsächlich durch Nonverbales (E-Mail auf den Tisch knallen) deutlich. Der Appell, den sie an Pascal richtet, könnte als Aufforderung verstanden werden, in Zukunft schneller zu reagieren. Diese drei Seiten sind noch wenig konfliktbehaftet, schwierig wird es erst, wenn die Beziehungsseite gedeutet wird. Denn hier könnte Anna zum Ausdruck bringen, dass Pascal schlampig und unmotiviert arbeitet. Genau diesen Beziehungshinweis „Du arbeitest schlampig!" hört Pascal deutlich. Dies möchte er nicht auf sich sitzen lassen und sendet nun seinerseits einen Beziehungshinweis. „Du hältst dich nicht an die Regeln und die Betriebsabläufe. Du machst nur dein eigenes Zeug." Der Respekt füreinander ist auf beiden Seiten vollkommen verschwunden.

Indem Anna Pascal mit der unbearbeiteten E-Mail konfrontiert, beschwört sie einen Konflikt herauf. Eine gemeinsame Lösung ist nicht mehr möglich, denn es kann nur noch eine Win-Lose oder Lose-Lose Situation geben. Damit geht es aber nicht mehr um die Sache, sondern nur noch um das eigene Ego und die eigene Durchsetzungskraft. Der tatsächliche Gesprächsverlauf zeigt, dass beide das Gefühl haben, sich nur dann als kompetent positionieren zu können, wenn sie den anderen abwerten. Die E-Mail als Beweismittel wertet Pascal ab und die Arbeitsweise von Anna auf. Anna ist dies wahr-

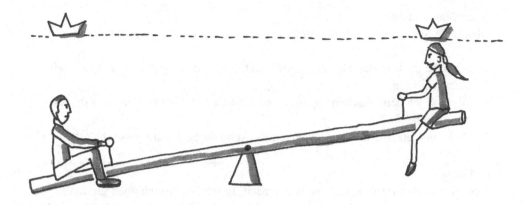

Abb. 3.2 Statuswippe. (Rhode et al. 2008, S. 20)

scheinlich gar nicht bewusst. Darauf angesprochen, würde sie wahrscheinlich nur den Kopf schütteln und antworten, dass es ihr nur um die Sache gegangen sei. Im Konflikt geht es aber selten nur um die Sache, es geht vielmehr um Status. Mit Status ist hier kein gesellschaftlicher Status gemeint, sondern ein kommunikativer Status. Wer ist dominant im Gespräch? Wer ordnet sich unter? Verdeutlichen lässt sich die Situation mit dem Bild der Wippe (Rhode et al. 2008, S. 19–25), vgl. Abb. 3.2.

Verläuft das Gespräch partnerschaftlich, ist die Wippe ausbalanciert. Will einer von beiden aber seinen Status verändern, hat dies automatisch auch eine Veränderung auf der anderen Seite zur Folge. Oben kann nur einer sein: Du oder ich. Mit dem Hinknallen der E-Mail als nonverbale Kommunikation und den begleitenden Worten, versucht Anna ihren Status zu erhöhen. Mit dieser Selbsterhöhung senkt sie aber genau wie bei der Wippe den Status von Pascal.

In kompetitiven Situationen versuchen die Gesprächsparteien häufig den eigenen kommunikativen Status zu erhöhen, um stärker und machtvoller zu wirken. So bewirkt eine Selbsterhöhung meist eine Fremderniedrigung.

Eine ausbalancierte Statuswippe hingegen achtet das Bedürfnis des Gegenübers nach Wertschätzung.

Die Statuswippe kann andere Ausprägungen haben. Neben der Aufwertung der eigenen Person und der Abwertung der anderen Person, kann es auch in der anderen Richtung verlaufen: die eigene Person abwerten und den Gesprächspartner aufwerten. Dies passiert häufig in Situationen, in denen man Hilfe sucht. Die Wippe kann sich aber auch im Gleichgewicht befinden. In dem Fall sind beide Gesprächspartner kompetent und respektieren den anderen.

Frage: Statuswippe

Überlegen Sie sich für folgende Äußerungen, wo die Statuswippe jeweils steht:

1. Ich habe mich in das Thema eingearbeitet, da lasse ich mir von dir Besserwisser nicht reinreden.
2. Was soll ich denn machen? Ich habe da nicht so viel Ahnung wie du. Könntest du mir nicht helfen?
3. Du kennst jetzt meinen Vorschlag; wie siehst du die Sache und was schlägst du vor?

Reflexion

Denken Sie über Ihr Gesprächsverhalten nach. In welchen Situationen greifen Sie zu welcher Wippenposition? Wie wirkt das wohl jeweils auf Ihren Gesprächspartner? Mit welchen Formulierungen könnten Sie die Wippe ins Gleichgewicht bringen?

Das Konzept der Statuswippe ist auf der Seite der Selbstoffenbarung bzw. Beziehung angesiedelt. Die Selbsterhöhung legt den Fokus auf die Selbstoffenbarung „Ich arbeite ordentlicher, ich bin zuverlässiger, ich denke mit". Dies korreliert mit der Fremdabstufung auf der Beziehungsseite: „Du bist schlampig, unzuverlässig und faul". Die Statuserniedrigung, die Pascal hier widerfährt, will er nicht auf sich sitzen lassen. Er wird versuchen, die Wippe so auszubalancieren, dass er oben sitzt. Wie geht das Gespräch also weiter?

Anna starrt auf ihre ausgedruckte Bestellung und weiß nicht recht, was sie jetzt tun soll.

Pascal	*Belehrend und jovial.* Schauen Sie, eigentlich ist die E-Mail doch für Sie. Sie hätten früher merken sollen, dass die Nachbestellung von Meier fehlt.
Anna	*Empört* Was? Soll ich etwa Ihre Mails im Überblick behalten?
Pascal	*Arrogant, autoritär* Sie wollen ja was von mir … Dann müssen Sie sich auch drum kümmern.
Anna	*Empört, fassungslos* Das glaub ich einfach nicht. Machen Sie lieber mal Ihre Arbeit richtig.
Pascal	*Laut* Ich verbitte mir den Tonfall! Könntet ihr Theoretiker richtig arbeiten, hätten wir solche Probleme nicht und ich müsste nicht jede Kleinigkeit selber in die Hand nehmen!

Der weitere Verlauf des Gesprächs ist durch ein ständiges Auf und Ab gekennzeichnet. Am Ende des Gesprächs sind beide unzufrieden. Beide haben ihre Ziele nicht erreicht. Beide werden vom anderen nicht respektiert. Zwar hat sich Pascal rein oberflächlich durch Lautstärke für dieses Mal durchgesetzt, aber weitere Streitigkeiten sind vorprogrammiert.

Das Modell der Vier Seiten einer Nachricht beinhaltet aber nicht nur die Senderseite. So wie der Sender mit vier Zungen sprechen kann, kann der Hörer mit vier Ohren hören. So hat der Hörer vier Interpretationsmöglichkeiten für eine Äußerung. Persönliche Präferenzen, Situation und Vorgeschichte werden ihn den Fokus auf ein Ohr legen lassen. Stimmen diese Ohren nicht mit der intendierten Akzentuierung des Sprechers überein, können leicht Missverständnisse entstehen. Eine Störung auf der Beziehungsseite erschwert so ein sachliches Gespräch.

3.3 Gesprächsstörer

Beinahe jedes Gespräch beinhaltet Elemente, die (negativ) auf der Beziehungsseite wirken. Bay (2006) spricht hierbei von Gesprächsstörern.

> Gesprächsstörer sind kommunikative Elemente, die im Ergebnis Gespräche abwürgen, den anderen nicht respektieren oder zu direktiv in eine Richtung lenken.

Gesprächsstörer haben außerdem eine Verschleierungsfunktion. Sie verhindern, dass man die eigenen Motive und Ziele zum Thema macht und leiten stattdessen die Aufmerksamkeit auf einen Nebenschauplatz.

Schon mit ihrer ersten Äußerung „Wie steht es denn mit der Nachbestellung von Meier?" dirigiert Anna das Gespräch in eine Richtung. Pascal reagiert deshalb desinteressiert und ablehnend. Anna setzt aber noch weitere Gesprächsstörer ein, nämlich das Vorwürfe machen „Meier hat sie Ihnen schon letzten Montag geschickt.". So bleibt Pascal gar keine andere Wahl als selbst vorwurfsvoll oder rebellisch zu reagieren. Das Gespräch gipfelt in der letzten Aussage von Pascal, in der Befehlen, Warnen und Drohen als Gesprächsstörer eingesetzt werden. Diese Gesprächsstörer kommen häufig dann zum Zug, wenn sich ein Gesprächspartner übergangen oder nicht respektiert fühlt. Wer versucht, mit Befehlen Respekt herzustellen, scheitert damit aber meist kläglich. Denn selbst wenn der andere oberflächlich nachgibt, bleibt alles beim Alten.

Gesprächsstörer sind im Alltag so häufig, dass sie oft gar nicht mehr bewusst wahrnimmt. Aber selbst wenn sie nur unterbewusst wirken, verhindern sie meist ein effektives, zielführendes, respektvolles Gespräch. Trotzdem wirkt nicht jede der in Tab. 3.1 angeführten Äußerungen störend auf ein zielführendes, respektvolles Gespräch. Zum Beispiel schafft es auch manchmal Sicherheit oder Verbindlichkeit, wenn eine Anweisung klar und direkt formuliert wird.

Um zu unterscheiden, wann tatsächlich ein Gesprächsstörer vorliegt, kann die Theorie des Problembesitzes helfen (Bay 2006, S. 39 ff., unter Rückgriff auf Gordon 2012 und 2014). Wenn beispielsweise ein Arbeitskollege zum anderen sagt: „Immer erledigst du alles auf den letzten Drücker", setzt er klar den Gesprächsstörer des Vorwürfe Machens ein. Aber betrachten wir nun, wer das Problem mit den spät erledigten Arbeiten hat. Sicherlich nicht der, der die Arbeiten spät erledigt. Der würde vielleicht sogar behaupten,

Tab. 3.1 Gesprächsstörer. (Bay 2006, S. 52, unter Rückgriff auf Rogers 2014)

Gesprächsstörer	Beispiel	Wirkung
Von sich selbst reden	Das kommt mir bekannt vor, das passiert mir laufend. Sie, da kenne ich …	Verständigungsprozess wird gestört, da sich der Partner nicht mehr öffnet
Lösungen liefern, Ratschläge erteilen	Ich an Ihrer Stelle würde … Versuchen Sie doch mal …	Gesprächspartner fühlt sich in seiner eigenen Denkfähigkeit abgewertet. Führt zu Ja, aber … Haltung
Herunterspielen, bagatellisieren, beruhigen	Das ist doch nicht so schlimm. Da müssen wir alle mal durch	Gesprächspartner fühlt sich unverstanden und nicht ernst genommen
Ausfragen, dirigieren	Wo haben Sie das her? Kommt das öfter vor?	Dirigistischer Gesprächsverlauf, ursprüngliche Problemschilderung wird unterbrochen
Interpretieren, Ursachen aufzeigen, diagnostizieren	Sie schreien, weil sie sauer sind. Sie sind etwas angespannt	Fehlinterpretationen verärgern den Gesprächspartner
Vorwürfe machen, moralisieren, urteilen, bewerten	Finden Sie das etwa in Ordnung? Warum haben Sie nicht den Mund aufgemacht?	Anschuldigungs-Rechtfertigungsmechanismus, Statuswippe
Befehlen, drohen, warnen	Das würde ich mir an Ihrer Stelle aber nochmal gut überlegen! Halten Sie mich jetzt nicht auf! Denken Sie mal an die Folgen!	Trotz, Verweigerung

dass er eben nur unter Druck effektiv arbeiten kann. Der Problembesitzer ist tatsächlich derjenige, der den Vorwurf ausgesprochen hat. Ihn stört es, dass er lange auf die Sachen warten muss. Indem er aber den Vorwurf ausspricht, schiebt er den Problembesitz auf seinen Gesprächspartner ab. Und es wird sogar noch schlimmer: Er macht den anderen zum Problem. Es geht plötzlich nicht mehr um die Sache, sondern um die Person. Mit dem Vorwurf sagt er: „Du bist das Problem."

> Problembesitzer ist derjenige, dessen Bedürfnisse nicht zufriedengestellt werden (Bay 2006, S. 39).

Meist wehren sich die Gesprächspartner gegen solche Angriffe. Die Kooperationsbereitschaft bleibt damit als erstes auf der Strecke.

Nur dann, wenn der Problembesitz auf den anderen geschoben wird, kann man von Gesprächsstörern sprechen. Es kann beispielsweise erwünscht sein, einen Ratschlag zu geben.

Reflexion

Beobachten Sie Ihr alltägliches Gesprächsverhalten. Bestimmt gibt es Zeitgenossen, mit denen die Gespräche immer nach einem absehbaren Muster ablaufen. Versuchen Sie einmal dieses Muster zu durchbrechen, indem Sie auf einem anderen Ohr hören und Ihre Antwort entsprechend anpassen. Was passiert?

Wie nutzen Sie die Statuswippe? Erhöhen Sie sich selbst oder stufen Sie die anderen herab? Oder stufen Sie sich selbst herab und erhöhen die anderen? Brechen Sie aus diesem Kreislauf aus und verzichten Sie auf Statusspielchen. Wie verlaufen die Gespräche?

3.4 Ziele und Motive respektieren

Im oben dargestellten Fall ist ersichtlich, dass das Gespräch für beide zu einer Lose-Lose-Situation führt. Wie könnte Anna mit solchen Situationen in Zukunft umgehen? Wie kann sie das Gespräch nutzen, um eine zufriedenstellende Arbeitsumgebung schaffen?

Zu Beginn einer jeden Veränderung steht, sich seiner Ziele völlig bewusst zu sein bzw. bewusst zu werden. Wenn Anna ihre Ziele benennen kann, dann kann sie sich auch Gedanken zur Zielerreichung machen. Natürlich kann sie nörgeln, reklamieren und fordern. Ob sie damit langfristig Erfolg haben wird, ist mehr als fraglich. Selbst wenn sie es schafft, ihren Ärger zu unterdrücken und auf einer sachlichen Ebene das Gespräch zu führen, ist die Gefahr des Scheiterns groß. Denn in diesem Fall wird Anna lediglich klären können, was mit dieser einen Bestellung los ist. Doch wie weiter vorne angesprochen, verfolgt sie ein langfristigeres, strategisches Ziel. Sie will ihre Arbeit zeitgerecht im Sinne der Kundschaft erledigen, dazu gehört in ihren Augen auch das Mitdenken der anderen. Wie kann sie Pascal von ihrem Vorgehen, das sie für richtig hält, überzeugen?

Die große Schwierigkeit in solchen Situationen besteht darin, dass einer der Gesprächspartner den ersten Schritt machen muss. Die meisten Menschen bleiben dabei in ihrer Sichtweise gefangen. Sie gehen nur von den eigenen Vorstellungen aus und versuchen diese mehr oder weniger geschickt, mehr oder weniger erfolgreich an die Gesprächspartner zu verkaufen. Warum sollte sich aber der Gesprächspartner darauf einlassen? Es ist recht wahrscheinlich, dass sich das Gegenüber auch nur Gedanken über die eigenen Ziele und Befindlichkeiten macht. In unserem Fall wird Anna diesen Schritt gehen – obwohl auch Pascal viele kommunikative Fehler macht. Aber was Anna wirklich nützen würde, ist der Versuch eines Perspektivenwechsels. Sobald sie weiß, was Pascal antreibt, was also seine Motive sind, kann sie das Gespräch hinsichtlich ihrer eigenen Zielerreichung führen. Die Gedanken, die sie sich über sich selbst gemacht hat, sollte sie sich nun also auch über Pascal machen.

Pascals Motive könnten sein: Unsicherheit hinsichtlich der neu definierten Prozesse, Unsicherheit gegenüber den „Studierten" im Betrieb, Aufschieben ungeliebter Arbeiten, vielleicht auch mangelndes Zeitmanagement. Sein Ziel ist es, die genannten Unsicherhei-

Abb. 3.3 Gesprächsphasen

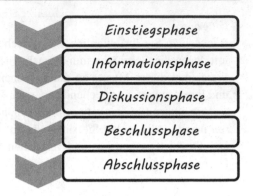

ten zu vermeiden. Pascal fühlt sich sehr wohl mit regelgesteuerten Prozessen und sieht wenig Veranlassung sich außerhalb dieser Regeln zu bewegen. Wenn sich Anna Gedanken macht, mit welchen Lösungsvorschlägen sie Pascal seine eigene Zielerreichung vor Augen führen könnte, ist sie ihrem Ziel ein großes Stück näher gekommen. Wenn sie sich zusätzlich noch Gedanken macht, was sie und was Pascal auf jeden Fall vermeiden wollen, ist sie noch näher an ihre eigenen Ziele heran gerückt.

Sobald Anna einen Perspektivenwechsel hin zu Pascal vollzieht, kann sie ihn da abholen, wo er steht. Sie kann von seinen Denk- und Handlungsmustern ausgehen und ihre Argumentation danach ausrichten (Pawlowski 2005, S. 244). Ein Perspektivenwechsel schafft nicht nur Klarheit über Denk-, Handlungs- und Wertmuster des Gesprächspartners, sondern stellt auch auf der Beziehungsseite eine vertrauensvolle Basis her. Denn wie oben ausgeführt, ist die Beziehungsseite eine Quelle vieler Missverständnisse und damit in der Folge der Ursprung vieler vermeidbarer Konflikte. Argumentiert Anna unter Rückgriff auf Pascals Denkweise, fühlt dieser sich verstanden und respektiert. Sie schafft damit die Basis für ein zielführendes Gespräch, das beide kooperativ gestalten können.

All diese Überlegungen sind Bestandteil einer seriösen Gesprächsvorbereitung. Anna schluckt ihren ersten Ärger also zunächst hinunter und macht sich Gedanken über ihre und Pascals Ziele. Sie überlegt sich, welche Argumente Pascal in seinem Denken abholen.

Zur Gesprächsvorbereitung gehört aber noch mehr. Anna fällt mit der Tür ins Haus, sie überrumpelt Pascal und verpasst es, eine angenehme und kooperative Gesprächsatmosphäre herzustellen. Sie beachtet nicht, dass ein Gespräch in verschiedenen Phasen verläuft. Diese Phasen bauen, wie in Abb. 3.3 dargestellt, aufeinander auf. Je nach Gesprächssituation können einzelne Phasen übersprungen werden.

Anna verpasst die Chance auf einen kooperativen Einstieg und geht von Anfang an auf volle Konfrontation. Eine professionell abgewickelte Einstiegsphase könnte einen positiven persönlichen Kontakt herstellen. Häufig wird diese Phase als Small Talk und damit als überflüssig abgetan, denn letztlich geht es um eine aufgabenorientierte Leistungserbringung. Ein guter Einstieg bedient sich zwar eventuell des Small Talks, ist aber viel mehr. Hier kann der Grundstein für das weitere Gespräch gelegt werden. Sind die Gesprächspartner in der Lage, eine positive, angenehme und wertschätzende Atmosphäre zu schaffen, verläuft das nachfolgende Gespräch häufig mit einer größeren Kooperationsbereitschaft. Das im Einstieg gezeigte Vertrauen ist das Fundament für ein wirkungsvolles Gespräch.

Die nächste Phase informiert über das Gesprächsthema und -ziel. Sie dient außerdem der Wissensüberprüfung und -sicherung. Haben die Gesprächspartner denselben Wissensstand oder braucht jemand noch Informationen? Auch diese Phase überspringt Anna. Sie informiert nicht über die Nachfrage von Meier und spezifiziert damit den konkreten Vorgang nicht. Sie holt Pascal nicht ab. Stattdessen verhört sie ihn und hätte am liebsten ein Schuldeingeständnis. Auch hier verpasst sie die Chance auf eine Lösung, die ihren Zielen entsprechen würde und beide Interessen zum Ausgleich bringt. Wäre es den beiden möglich, die Grundlage für einen Common Ground (Kap. 2) zu legen, könnten sie diesen konkreten Vorgang auf eine wertschätzende Art klären. Dies wäre die Grundlage, damit Anna das Gesprächsthema erweitern und auf eine Lösung bezüglich ihres eigentlichen Gesprächsziels hinwirken kann.

In der Diskussionsphase findet die Problemlösung statt. Hier bringen die Gesprächspartner ihre Sichtweisen ein. In dieser Phase wird der Common Ground ausgehandelt, der die Grundlage einer echten Problemlösung ist. Dazu gehört es, zunächst einmal die Meinung des anderen als berechtigte Ansicht zu respektieren. Wie in Kap. 2 gezeigt, kann ein geteilter Bezugsrahmen nur entwickelt werden, wenn jeder Gesprächsteilnehmer seine eigene Vorstellungswelt einbringt. Zentrales Element ist das Zuhören. Ein Perspektivenwechsel in dieser Phase erschließt oftmals neue Lösungen. In dieser Phase ist es besonders wichtig, inhaltlich zu argumentieren. Killerphrasen und Pseudoargumente (Kap. 7) bringen keine nachhaltige Lösung. Anna geht diese Phase nicht zielführend an, indem sie eigentlich nur Vorwürfe ausspricht. Sie geht nicht auf Pascal ein.

Die Beschlussphase fasst noch einmal die Ergebnisse zusammen und bündelt diese in einem tragfähigen Beschluss. Hier werden verbindliche Abmachungen getroffen und weitere Arbeitsschritte festgelegt. Im obigen Beispiel fällt diese Phase unter den Tisch. Ein von beiden getragener Beschluss kommt nicht zustande und so verwundert es nicht, dass auch die letzte Phase überhaupt nicht eingehalten wird. Das Gespräch wird abgebrochen.

Die Abschlussphase ist nämlich dem Beginn des Gesprächs sehr ähnlich. Zudem legt sie den Grundstein für das nächste Gespräch zu legen. Selbst wenn es zu keiner Einigung gekommen ist, ist es wichtig, in dieser Phase die Gemeinsamkeiten hervorzuheben und die Beziehungsseite positiv zu gestalten. Der negative Verlauf des nächsten Gesprächs zwischen den beiden ist mit dem nicht vorhandenen Abschluss bereits vorprogrammiert.

Selbstverständlich kann es sein, dass nicht alle Phasen in jedem Gespräch relevant sind und vorkommen. Manchmal werden keine Beschlüsse gefasst, manchmal gibt es keinen intensiven Gedankenaustausch in der Diskussionsphase. Einstieg und Schluss jedoch sollte man nie vergessen.

Tipps zur Gesprächsvorbereitung (Weisbach und Sonne-Neubacher 2015, S. 473):

- Zeit, Dauer und Raum festgelegt? Gesprächspartner eingeladen?
- Was ist der Grund für das Gespräch? Welche Motive liegen dem Gespräch zu Grunde? (Sachlich und emotional)
- Was ist das Ziel? Was soll erreicht werden? Was soll mindestens erreicht werden? Was soll auf alle Fälle vermieden werden?
- Was könnten die Motive des Gesprächspartners sein? Wie wird der Gesprächspartner vermutlich den eigenen Zielen gegenüberstehen?
- Was könnte der Gesprächspartner auf jeden Fall vermeiden wollen? Wo könnte es einen Konflikt zwischen den eigenen Zielen und den Zielen des Gesprächspartners geben?
- Wie könnte man den Einstieg vorbereiten und wie könnte ein Abschluss aussehen?
- Wieviel Information braucht der Gesprächspartner?
- Mit welchen sprachlichen Mitteln könnte man den Übergang von einer Phase in die andere signalisieren?

3.5   Partnerschaftliche Beziehungen gestalten

Sicher hätte eine ordentliche Vorbereitung Anna ihren Zielen näher gebracht, aber es braucht noch mehr, um diese Ziele auch zu erreichen. Um eine Diskussion überhaupt auf einer sachlichen Ebene führen zu können, darf das Gespräch auf der Beziehungsseite nicht gestört sein. Erst wenn sich beide vom anderen respektiert fühlen, werden sie in der Lage sein, gemeinsam an einer Problemlösung zu arbeiten.

Der Ausgangspunkt für eine positive Beziehungsgestaltung ist im Vier-Seiten-Modell von Schulz von Thun zu finden, vergleiche Abb. 3.1 Wie weiter oben dargestellt, kann es sehr leicht zu Störungen auf der Beziehungsseite kommen, weil die meisten Menschen sich auch immer auf einer persönlichen Ebene angesprochen und beurteilt fühlen. Gelingt es Anna, so mit Pascal zu sprechen, dass das Gespräch hier keine Störung erfährt, ist sie einer Lösung schon wesentlich näher. Da Beziehungsaussagen nicht nur explizit stattfinden, sondern häufig durch die Art und Weise erfolgen, wie jemand spricht, sollte sie darauf besonders achten. Der Ton macht die Musik. Eine Reflexion ihres natürlichen Kommunikationsstils kann ihr dabei helfen, die Wirkung, die sie auf Pascal hat, zu verstehen. Zu einer partnerschaftlichen Beziehungsgestaltung gehört ein freundlicher und wertschätzender Tonfall. Der Verzicht auf Gesprächsstörer sollte selbstverständlich sein. Anna kann außerdem von Anfang an eine gute Atmosphäre herstellen, indem sie sich an die Gesprächsphasen hält. Eine kurze Frage zu Beginn, ob sie störe oder ob Pascal kurz Zeit

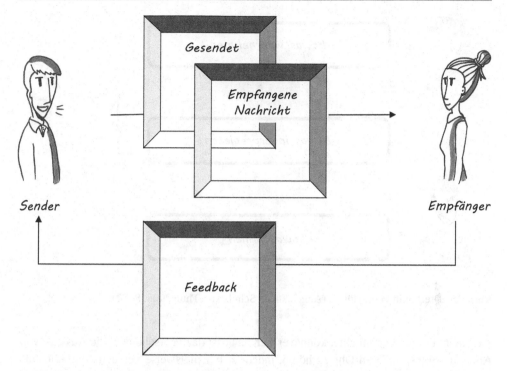

Abb. 3.4 Feedbackschlaufe im Gespräch. (Schulz von Thun 2008, S. 81)

habe, hätte wahrscheinlich Wunder bewirkt. Gefolgt von einer lösungsorientierten Darstellung der Situation, kann ein solcher Gesprächseinstieg die Basis für den Erfolg legen. Weitere Elemente eines partnerschaftlichen Gesprächsstils sind eine nicht-dirigistische Haltung und ein echtes Interesse an den Motiven und Zielen des Gegenübers (Weisbach und Sonne-Neubacher 2015, S. 75 ff.).

Aber auch Pascal könnte ein bewusster Umgang mit dem Vier-Seiten-Modell aus der emotionalen Sackgasse führen. Er kann beispielsweise bewusst Feedback einholen und Anna direkt auf die Beziehungsäußerung ansprechen, vgl. Abb. 3.4. Selbst wenn sie eine Aussage tatsächlich negativ gemeint haben sollte, ist damit zu rechnen, dass sie dies zurückweist und sich in der Folge mehr Mühe für eine kooperative Gesprächsführung gibt.

Das Einholen von Feedback kann dabei auf zwei Wegen erfolgen. Pascal könnte offensiv nachfragen, ob Anna ihm Vorwürfe wegen der nicht erledigten Bestellung macht. Er könnte aber auch den geschickteren Weg wählen und ihr seine emotionale Reaktion auf ihre Äußerung rückmelden. Eine Feedbackschlaufe ermöglicht, dass sich beide darüber klar werden, wie die Äußerungen jeweils auf der Beziehungsseite wirken. So können sie gemeinsam die tatsächliche Bedeutung aushandeln.

Eine Feedbackschlaufe hilft somit beiden Gesprächspartnern die gesendete und die empfangene Aussage in Übereinstimmung zu bringen. Aber selbst wenn Pascal diesen

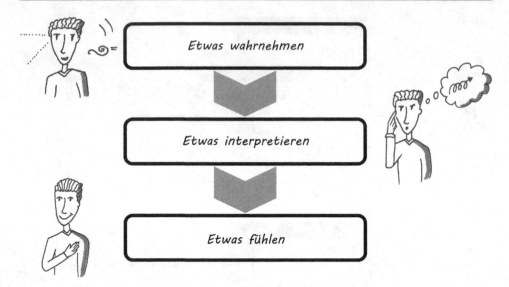

Abb. 3.5 Dreischritt beim Hören. (Angelehnt an Schulz von Thun 2008, S. 72)

Weg nicht beschreiten möchte, könnte er sich bewusst dazu entscheiden, die Aussage von Anna auf einem anderen Ohr zu hören, indem er beispielsweise versucht, die Selbstoffenbarung dahinter zu verstehen. Oder er könnte auf dem Sachohr hören. Auf jeden Fall wird seine Antwort anders ausfallen und damit einen anderen Gesprächsverlauf ermöglichen. Beide haben die Gestaltung der Beziehungsseite in der Hand und können aktiv in das Gespräch eingreifen.

Pascal sollte sich also bewusstmachen, dass beim Hören drei Empfangsvorgänge aktiv werden. Die Abb. 3.5 lehnt sich an Schulz von Thun (2008, S. 72) an.

Der zweite Schritt legt dabei den Grundstock für Missverständnisse. Am häufigsten wird in schwierigen Gesprächssituationen vergessen, dass die Gesprächspartner meistens eine Aussage über sich selbst machen. Dies wird aber oft falsch interpretiert, nämlich als Aussage über den Zuhörer (Schulz von Thun 2008, S. 80). Es soll und kann nun aber nicht vermieden werden, das Gehörte zu interpretieren, es soll lediglich das Bewusstsein dafür geschärft werden, dass die erste Interpretation unter Umständen unangebracht ist und damit auch zu einer falschen Gefühlsreaktion führt. Hätte Pascal nämlich die Äußerung als Selbstoffenbarung interpretiert und gehört, dass Anna wegen der nicht erledigten Bestellung unzufrieden oder gestresst ist, hätte dies zu einer anderen Gefühlsreaktion geführt. Er hätte vollkommen anders reagieren können und ihr beispielsweise Unterstützung angeboten.

3.6   Verständnis aufbringen und den eigenen Standpunkt vertreten

Für eine positive Beziehungsgestaltung ist der partnerschaftliche Gesprächsstil (Abschn. 1.2) unerlässlich. Doch kann man überhaupt seinen Standpunkt vertreten ohne gleichzeitig den Standpunkt des Gegenübers abzuwerten? Der Schlüssel zu einer solchermaßen gestalteten Gesprächsführung liegt in der Selbstachtung und Fremdachtung. Das Bild der Wippe in Abb. 3.2 hat verdeutlicht, dass eine Aufwertung des einen immer zu einer Abwertung des anderen führt. Eine ausbalancierte Wippe stellt ein sehr fragiles Gleichgewicht her. Da aber jeder das Bedürfnis nach Achtung und Respekt hat, ist dieses Gleichgewicht äußerst wichtig, um die eigenen Ziele zu erreichen. Wenn Pascal um den Respekt und die Achtung kämpfen muss, fällt es ihm viel schwerer einen Schritt auf Anna zuzugehen. Solange Anna ihn nicht auf Augenhöhe partnerschaftlich behandelt, kann er nicht nachgeben, denn er muss seine Selbstachtung wahren. Zum partnerschaftlichen Gesprächsstil gehört jedoch mehr als die oben angesprochene respektvolle Sprechweise. Der partnerschaftliche Gesprächsstil lebt von der inneren Haltung der Toleranz. Der gegensätzliche Standpunkt des Gesprächspartners wird prinzipiell akzeptiert.

Anna sollte also akzeptieren, dass es Pascal anscheinend ärgert, wenn er mit Abläufen konfrontiert wird, die nicht in seinen Zuständigkeitsbereich fallen. Sie muss dennoch nicht auf die Durchsetzung ihrer Ziele verzichten. Im Gegenteil: Mit sachlich treffenden Argumenten kann sie Pascal auf ihre Seite ziehen. Sie könnte ihm beispielsweise in Erinnerung rufen, dass liegengebliebene Bestellungen Ressourcen kosten. Die Telefonate mit den Kunden kosten Zeit und Nerven.

Ein direkter und anordnender Gesprächsstil scheint kurzfristig schneller zum Erfolg zu führen. Beim anderen den Tarif durchzugeben, wirkt zunächst einfacher. Aber ist so eine autoritäre Art auch erfolgreicher? Wenn der Gesprächspartner die Direktive umsetzt, kann es tatsächlich dieses eine Mal auch schneller gewesen sein. Es bleibt jedoch fraglich, ob sich mittel- oder langfristig etwas ändern wird.

Obwohl der partnerschaftliche Gesprächsstil zeitintensiver ist – schließlich setzt man sich auch mit den Ansichten und Argumenten des anderen auseinander – und die Gefahr birgt, dass sich der Gesprächspartner doch durchsetzt, ist er ein Mittel, um langfristige Änderungen und Ziele zu erreichen.

> Ein partnerschaftlicher Gesprächsstil weckt Interesse, stellt Ziele in den Vordergrund, reduziert Reibungsverluste, gestaltet die Beziehungsseite positiv und unterstützt eine langfristige Verhaltensänderung (Weisbach und Sonne-Neubacher 2015, S. 84).

3.7   Verantwortung übernehmen

Gespräche, deren Ergebnis erst noch ausgehandelt werden muss, die Konfliktpotential beherbergen oder bei denen ein hohes emotionales Engagement besteht, werden häufig durch das Abschieben von Verantwortung zusätzlich erschwert.

Je weniger die Gesprächspartner die Verantwortung für ihre Reaktionen, Emotionen und Handlungen übernehmen, umso höher ist die Gefahr von Widerstand oder sogar Trotz.

Wenn man noch einmal die Theorie des Problembesitzes betrachtet, hat Pascal mit der unerledigten Bestellung kein Problem. Er hat sie wahrscheinlich vergessen. Anna ist es, die ein Problem mit der Bestellung hat. Denn ihr sitzt der Kunde im Nacken. Sie muss sich rechtfertigen, warum die Bestellung noch nicht in Bearbeitung ist. Außerdem befürchtet sie, inkompetent und unzuverlässig zu erscheinen. Und so wird ein „Ich habe ein Problem mit der unerledigten Bestellung, weil mich der Kunde deshalb anruft und ich ihm keine Auskunft geben kann und wie ein Idiot dastehe" zu „Du bist ein Problem, weil du unzuverlässig bist und nichts im Griff hast".

Wenn der Problembesitz abgeschoben werden soll, geschieht dies häufig mit einer sogenannten Du-Botschaft. Du-Botschaften verschleiern dabei Aussagen auf der Selbstoffenbarungsseite, also Aussagen über das eigene Empfinden. Stattdessen wird dieses innere Erleben in eine Aussage über den anderen übersetzt (Schulz von Thun 2008, S. 125). So ist die Gefahr sehr groß, dass diese Aussage dann eben auch auf dem Beziehungsohr gehört wird. Häufig bedrängt so der Sprecher den Zuhörer, der seinerseits mit Widerstand reagiert. Du-Botschaften fordern diesen geradezu heraus, da sie den Gesprächspartner in die Ecke drängen, aus der sich dieser wild um sich schlagend erst wieder befreien muss. Selbstverständlich will Pascal nicht die Verantwortung für Annas Probleme übernehmen und selbstverständlich wehrt er sich gegen die Vorwürfe, die ihm Anna macht. Du-Botschaften wirken wie der ausgestreckte Zeigefinger, der auf eine vermeintliche Schwäche zeigt.

Anna könnte diese konkrete Situation leichter lösen, wenn sie die Verantwortung für ihren Ärger selbst übernehmen würde. Sie müsste Pascal klarmachen, wie sie sich fühlt, wenn Bestellungen liegen bleiben. Das Mittel dazu sind Ich-Botschaften, vgl. Kap. 6. Mit einer Ich-Botschaft würde Anna die volle Verantwortung für ihr Erleben übernehmen. Sie könnte damit ganz klar ihren Standpunkt beziehen und deutlich machen, warum es ihr wichtig ist, dass Bestellungen zeitnah abgewickelt werden.

Eine vollständige Ich-Botschaft umfasst dabei

- die Beschreibung des subjektiven Erlebens/des Gefühlszustands, in der sich der Sprecher befindet
- die exakte Beschreibung, was diesen Gefühlszustand auslöst, also die Beschreibung der Situation

- die Schilderung der Auswirkungen /Konsequenzen auf den Sprecher
- die Formulierung der eigenen Wünsche und Erwartungen

Ich-Botschaften sind kein Allheilmittel, um schwierige Gespräche zu einem befriedigenden Ergebnis zu führen, aber häufig deeskalieren sie konfliktträchtige Gesprächssituationen. Da dem Gesprächspartner nicht die Schuld für ein störendes Erleben in die Schuhe geschoben wird, können beide an einer Lösung des Problems arbeiten.

Anna könnte wahrscheinlich nicht nur auf die Lösung dieser Situation zählen, sondern auch auf einen nachhaltigen Prozess hinwirken, so dass solche Konstellationen in Zukunft effektiver bearbeitet werden können.

3.8 Gespräche aktiv gestalten

Viele kennen die Situation, dass sie nach einem Gespräch den Eindruck haben, sich um Kopf und Kragen geredet zu haben. Meist kommt einem dann das Sprichwort Reden ist Silber, Schweigen ist Gold in den Sinn. Aber ganz so einfach ist es nicht. Einfach nur zuhören (und nicken) reicht nicht. Unterschieden werden muss zwischen aktivem und passivem Zuhören (Bay 2006, S. 27 ff.). Zum passiven Zuhören gehört der Rückzug und das Abtasten; das aktive Zuhören umfasst das Paraphrasieren und Verbalisieren.

Rückzug Der Rückzug kann am besten durch das Bild der inneren Kündigung verdeutlicht werden. Man ist gar nicht mehr beim Gespräch und noch weniger beim Gesprächspartner, sondern hofft auf ein schnelles Ende. Klischee-Bejahungen oder fehlender Blickkontakt sind häufige Erkennungsmerkmale. Die Gesprächspartner fühlen sich durch das offensichtliche Desinteresse verunsichert und das Gesprächsklima verschlechtert sich, bis das Gespräch schließlich erfolglos beendet wird oder im Sand verläuft.

Abtasten Beim Abtasten wird zugehört, allerdings nur sehr selektiv. Nur diejenigen Informationen gelangen ins Bewusstsein, die für den Zuhörer von Interesse sind. Erkennungsmerkmale sind ein ständiger Wechsel zwischen aktiver und passiver Körperhaltung, häufige Ungeduldsreaktionen oder auch das Unterbrechen. In den Augen vieler scheint dies eine gerechtfertigte Zuhörhaltung zu sein. Schließlich will man ja schnell zu einem Beschluss kommen, schnell relevante Informationen erhalten und schnell reagieren. Doch diese Haltung widerspricht einem partnerschaftlichen Gesprächsstil. Nicht die schnelle Reaktion ist ein Leistungsmerkmal, sondern die Fähigkeit dauerhaft die Mitarbeitenden für die Ziele und Ideen zu begeistern und deren Fähigkeiten zu erschließen. Dies kann nur erreichen, wer auch einmal aktiv zuhört. Das aktive Zuhören ermöglicht einen inhaltlichen Gewinn und ist nicht nur eine Frage des Respekts und der Wertschätzung. Durch aktives Zuhören können hilfreiche und relevante Informationen erschlossen werden, die sonst eventuell nie erschlossen worden wären.

> Nur das aktive Zuhören schafft neue Gestaltungsspielräume – auch und gerade für Führungskräfte.

Zwei unterschiedlich intensive Grade des aktiven Zuhörens können dabei festgehalten werden (Weisbach und Sonne-Neubacher 2015, S. 42 ff.).

Paraphrasieren Das Paraphrasieren oder umschreibende Zuhören beschreibt die Technik des zusammenfassenden Wiederholens. Dabei gibt man das Gehörte in eigenen Worten wieder. Auf den ersten Blick mag sich das seltsam anhören, aber der Gesprächspartner wird dies nicht als papageienhafte Wiederholung wahrnehmen, sondern als Ausdruck des Interesses und des Verstehens. Mit dieser Technik können Missverständnisse ausgeschlossen werden. Da das Paraphrasieren die eigene Meinung oder Haltung zunächst einmal beiseite lässt, wird dem Gesprächspartner signalisiert, dass man ganz bei ihm ist und bereit mit ihm über das Thema zu reden. Man strebt ein generelles Verstehen an. In der Folge wird der Gesprächspartner seine Gedanken weiterentwickeln und aktiv am Gesprächsziel mitwirken. Brückensätze helfen, das Paraphrasieren als eher ungewohnte Gesprächstechnik einzuleiten. Dies können Formulierungen sein wie „Ihnen ist wichtig, dass …" oder auch „Habe ich richtig verstanden, dass …". Der Gesprächspartner wird dann entweder Missverständnisse aus dem Weg räumen oder seine Gedanken weiterspinnen.

Verbalisieren Das Verbalisieren geht noch einen Schritt weiter. Hier wird nicht nur zusammenfassend wiederholt, was der andere gerade gesagt hat, sondern auch der Versuch unternommen eine gefühlsmäßige Zuschreibung zu machen. Verbalisieren erfasst die Empfindungen des Gesprächspartners und schafft so die Möglichkeit zum Perspektivenwechsel. Entweder erkennen die Gesprächspartner durch das Ansprechen der mitschwingenden Gefühlsäußerung, dass die Situation gar nicht so dramatisch ist oder sie haben die Möglichkeit erstmal Dampf abzulassen und können dann viel fokussierter an einer Problemlösung arbeiten.

Sowohl das Paraphrasieren als auch das Verbalisieren belassen die Verantwortung beim Gesprächspartner. Er wird somit als vollwertiger Gesprächspartner wahrgenommen. Natürlich kommt auch beim aktiven Zuhören der Punkt, an dem man den eigenen Standpunkt darstellt, aber zunächst einmal gibt man dem Partner die Gelegenheit seine Ideen zu entwickeln – man respektiert ihn.

Im folgenden Gespräch versucht Anna auf professionelle und kooperative Weise ihre Ziele zu erreichen.

Anna	*Betritt Pascals Büro und räuspert sich.* Guten Morgen, Herr Schwer. Ich hoffe, ich störe nicht. Wissen Sie, was mit der Bestellung von Meier passiert ist – gerade hat mich jemand von ihnen angerufen.
Pascal	*Sieht desinteressiert von seinen Konstruktionsplänen auf.* Bestellung für was?
Anna	*Ruhig und sachlich.* Na, die Bestellung der Spritzgussformen.
Pascal	*Sehr bestimmt und autoritär* Ich habe nichts. Da müssen Sie einen Fehler gemacht haben. Tschüss.
Anna	*Ruhig und sachlich* Der Kunde ist sehr an einer umgehenden Lieferung interessiert. Deshalb hat er nachgefragt. Da Meier ein wichtiger Kunde ist, sollten wir herausfinden, was mit der Bestellung passiert ist. Die Firma Meier sagt, sie hätten die Bestellung letzten Montag an Sie geschickt. Vielleicht ist es in der großen Arbeitslast untergegangen. Können wir uns die Bestellung gemeinsam ansehen? Ich habe sie gerade hier, weil sie die nochmal geschickt haben.
Pascal	*Harsch* Nein. Sie sehen doch, dass ich gerade voll im Stress bin.
Anna	*Ruhig.* Sie haben also keine Zeit, sich um die Bestellung zu kümmern?
Pascal	*Patzig.* Genau. Hab ich doch gerade gesagt. Muss ich mich denn um jeden Mist selber kümmern? Nicht gegengezeichnete Bestellungen fallen noch nicht mal in meinen Aufgabenbereich.
Anna	*Sachlich, respektvoll.* Ich kann verstehen, dass Sie sehr viel um die Ohren haben. Sie könnten doch die Bestellung prüfen und dann in die Werkstatt geben und ich hole parallel die Gegenzeichnung ein. Was halten Sie davon? Dann hätten wir das Problem gelöst.
Pascal	*Gibt allmählich etwas nach, weil offensichtlich doch nicht so viel Aufwand bei ihm entsteht.* Ja, meinetwegen. Dann machen Sie das jetzt.

Anna bearbeitet die Bestellung und geht wieder zu Pascal ins Büro.

Anna	*Freundlich.* Hier sind die Bestellung und der Auftrag für die Werkstatt. Die Konstrukteure haben auch schon gegengezeichnet.
Pascal	*Überfliegt alles und steckt es in eine Mappe.* *Anna bleibt noch kurz im Büro stehen.* Ist noch was?
Anna	*Freundlich.* Gut, haben wir das jetzt geklärt, ich wollte mich noch mit Ihnen generell über manche Arbeitsprozesse unterhalten. Aber ich sehe, dass Sie jetzt wenig Zeit haben.
Pascal	*Einlenkend.* Soviel Zeit wird schon sein. Also raus damit.

Anna	*Vorsichtig.*
	Ich ärgere mich manchmal, weil ich von den Kunden für alle Verspätungen dumm angemacht werde. Ich fühle mich dann wie der letzte Idiot. Wenn Bestellungen fälschlicherweise eingehen, könnten Sie diese doch auch einfach weiterleiten und mich auf CC setzen. Dann könnte ich mich im Anschluss darum kümmern.
Pascal	*Abwehrend.*
	Das geht nicht. Sie wissen doch, dass die Geschäftsleitung die Prozesse erst neu definiert hat und gerade am Anfang die ganz genaue Einhaltung besonders wichtig ist.
Anna	*Selbstbewusst und freundlich.*
	Das ist schon klar, aber falsch adressierte Bestellungen kosten Sie doch auch viel Zeit und Nerven?
Pascal	Ja, genau. Wir müssen halt die Kunden auch erziehen (*lacht*).
Anna	*Selbstbewusst.*
	Das scheint genau das zu sein, was Ihnen stinkt. Die Kunden schicken ihr Zeug einfach an die erste E-Mailadresse, die sie finden. Und Sie müssen dann den Postboten spielen. Eigentlich haben Sie spannendere Arbeiten zu erledigen.
Pascal	*Verdreht die Augen.*
	Sie sagen es.
Anna	*Vorsichtig.*
	Sie könnten mir doch all die E-Mails, die nicht für Sie sind, einfach kommentarlos weiterleiten. Ich kümmere mich dann drum und achte auch drauf, dass unsere neuen Prozesse eingehalten werden. Letztlich würden wir uns alle so Zeit sparen.
Pascal	Meinetwegen. Probieren wir es aus.

Natürlich erfordert ein so geführtes Gespräch viel Geduld. Verständnis und partnerschaftliche Gesprächsführung helfen, dass Anna letztlich ihre Ziele erreicht. Da Anna Pascal Respekt entgegenbringt, ermöglicht sie, dass auch Pascal sie respektieren kann. Keiner muss den anderen auf der Wippe nach unten drücken, beide finden zu einer Balance.

Frage: Elemente der partnerschaftlichen Gesprächsführung zuordnen

Wo erkennen Sie einen reflektierten Umgang mit den Vier Seiten einer Nachricht, ein Ausbalancieren der Statuswippe, aktives Zuhören und den Einsatz von Ich-Botschaften?

Begründen Sie kurz.

3.9 Lösungsvorschläge zu den Fragen

Statuswippe

1. Ich habe mich in das Thema eingearbeitet, da lasse ich mir von dir Besserwisser nicht reinreden:
   Die Statuswippe springt durch die direkte verbale Fremdabwertung „Besserwisser", kombiniert mit der Selbstaufwertung „Ich habe mich eingearbeitet" beim Sprecher in die Höhe.
2. Was soll ich denn machen? Ich hab da nicht so viel Ahnung wie du. Könntest du mir nicht helfen?
   Die Aussage „Was soll ich denn machen" die beschreibt die Hilflosigkeit und Selbstabwertung des Sprechers. Dies wird wiederum kombiniert mit der Fremdaufwertung „Ich habe nicht so viel Ahnung wie du". Der Sprecher sitzt auf der Wippe unten.
3. Du kennst jetzt meinen Vorschlag; wie siehst du die Sache und was schlägst du vor?
   Hier ist die Wippe ausbalanciert. Der Sprecher hat seinen Vorschlag eingebracht, akzeptiert aber die Meinung des anderen als gleichberechtigt. So können mehrere Lösungsvorschläge diskutiert werden und damit kann die beste Lösung gefunden werden.

Elemente der partnerschaftlichen Gesprächsführung

Anna	Guten Morgen, Herr Schwer. Ich hoffe, ich störe nicht. Wissen Sie, was mit der Bestellung von Meier passiert ist – gerade hat mich jemand von ihnen angerufen.	*Statuswippe ausbalanciert: Keine Selbsterhöhung bzw. Fremderniedrigung durch freundlichen Gesprächseinstieg*
Pascal	Bestellung für was?	
Anna	Na, die Bestellung für die Spritzgussformen.	*Sachohr: Anna könnte auch hören „Du interessierst mich nicht." bleibt aber bewusst auf der Sachebene.*
Pascal	Ich habe nichts. Da müssen Sie einen Fehler gemacht haben. Tschüss.	
Anna	Der Kunde ist sehr an einer umgehenden Lieferung interessiert. Deshalb hat er nachgefragt. Da die Firma Meier ein wichtiger Kunde ist, sollten wir herausfinden, was mit der Bestellung passiert ist. Die Firma Meier sagt, sie hätten die Bestellung letzten Montag an Sie geschickt. Vielleicht ist es in der großen Arbeitslast untergegangen. Können wir uns die Bestellung gemeinsam ansehen? Ich habe sie gerade hier, weil sie die nochmal geschickt haben.	*Sachohr: Anna übergeht den Vorwurf Statuswippe: Anna spielt nicht aus, dass sie bereits mehr Informationen hat.*
Pascal	Nein. Sie sehen doch, dass ich gerade voll im Stress bin.	

| Anna | Sie haben also keine Zeit, sich um die Bestellung zu kümmern? | *Aktives Zuhören* |

Anna — Sie haben also keine Zeit, sich um die Bestellung zu kümmern? — *Aktives Zuhören*

Pascal — Genau. Hab ich doch gerade gesagt. Muss ich mich denn um jeden Mist selber kümmern? Nicht gegengezeichnete Bestellungen fallen noch nicht mal in meinen Aufgabenbereich.

Anna — Ich kann verstehen, dass Sie sehr viel um die Ohren haben. Sie könnten doch die Bestellung prüfen und dann in die Werkstatt geben und ich hole parallel die Gegenzeichnung ein. Was halten Sie davon? Dann hätten wir das Problem gelöst. — *Aktives Zuhören*

Pascal — Ja, meinetwegen. Dann machen Sie das jetzt.

Anna bearbeitet die Bestellung und geht wieder zu Pascal ins Büro.

Anna — Hier sind die Bestellung und der Auftrag für die Werkstatt. Die Konstrukteure haben auch schon gegengezeichnet. — *Sachseite*

Pascal — Ist noch was?

Anna — Gut, haben wir das jetzt geklärt. Ich wollte mich noch mit Ihnen generell über manche Arbeitsprozesse unterhalten. Aber ich sehe, dass Sie jetzt wenig Zeit haben. — *Aktives Zuhören*

Pascal — Soviel Zeit wird schon sein. Also raus damit.

Anna — Ich ärgere mich manchmal, weil ich von den Kunden für alle Verspätungen dumm angemacht werde. Ich fühle mich dann wie der letzte Idiot. Wenn Bestellungen fälschlicherweise eingehen, könnten Sie diese doch auch einfach weiterleiten und mich auf CC setzen. Dann könnte ich mich im Anschluss darum kümmern. — *Ich-Botschaft: Anna bleibt im Problembesitz und äußert eine vollständige Ich-Botschaft.*

Pascal — Das geht nicht. Sie wissen doch, dass die Geschäftsleitung die Prozesse erst neu definiert hat und gerade am Anfang die ganz genaue Einhaltung besonders wichtig ist.

Anna — Das ist schon klar, aber falsch adressierte Bestellungen kosten Sie doch auch viel Zeit und Nerven?

Pascal — Ja, genau. Wir müssen halt die Kunden auch erziehen.

Anna — Das scheint genau das zu sein, was Ihnen stinkt. Die Kunden schicken ihr Zeug einfach an die erste E-Mailadresse, die sie finden. Und Sie müssen dann den Postboten spielen. Eigentlich haben Sie spannendere Arbeiten zu erledigen. — *Aktives Zuhören: Anna spricht die Emotionen Pascals an.*

Pascal — Sie sagen es.

Anna — Sie könnten mir doch all die E-Mails, die nicht für Sie sind, einfach kommentarlos weiterleiten. Ich kümmere mich dann drum und achte auch drauf, dass unsere neuen Prozesse eingehalten werden. Letztlich würden wir uns alle so Zeit sparen.

Pascal — Meinetwegen. Probieren wir es aus.

Literatur

Bay, R. H. (2006). *Erfolgreiche Gespräche durch aktives Zuhören* (5. Aufl.). expert-Taschenbuch: Vol. 28. Renningen: expert.

Gordon, T. (2012). *Managerkonferenz: Effektives Führungstraining* (4. Aufl.). München: Heyne.

Gordon, T. (2014). *Familienkonferenz: Die Lösung von Konflikten zwischen Eltern und Kind* (4. Aufl.). München: Heyne.

Luft, J., & Ingham, H. (1955). *The Johari window, a graphic model of interpersonal awareness. Proceedings of the western training laboratory in group development.* Los Angeles: UCLA.

Pawlowski, K. (2005). *Konstruktiv Gespräche führen: Fähigkeiten aktivieren, Ziele verfolgen, Lösungen finden* (4. Aufl.). München: Reinhardt.

Rhode, R., Meis, M. S., & Bongartz, R. (2008). *Angriff ist die schlechteste Verteidigung: Der Weg zur kooperativen Konfliktbewältigung* (3. Aufl.). Paderborn: Junfermann.

Rogers, C. R. (2014). *Die nicht-direktive Beratung* (14. Aufl.). Frankfurt am Main: S. Fischer.

Schulz von Thun, F. (2008). *Miteinander reden: 1: Störungen und Klärungen.* Reinbek bei Hamburg: Rowohlt.

Watzlawick, P., Beavin, J. H., & Jackson, D. D. (1969). *Menschliche Kommunikation.* Bern Stuttgart Wien: Huber.

Weisbach, R., & Sonne-Neubacher, P. (2015). *Professionelle Gesprächsführung. Ein praxisnahes Lese- und Übungsbuch* (9. Aufl.). München: dtv.

Whitcomb, C. A., & Whitcomb, L. E. (2013). *Effective interpersonal and team communication skills for engineers.* Hoboken: John Wiley & Sons, IEEE Press.

Alles klar?! – Informationen weitergeben, Informationen erfragen

4

Zusammenfassung

Oft kommt es zu Missverständnissen und Fehlern bei der Arbeit, weil der Informationsfluss zwischen den Beteiligten nicht ausreichend geklärt ist. Das folgende Kapitel gibt einen Überblick über zentrale Elemente der Gesprächsführung, die sicherstellen, dass die Informationen fließen. Dabei spielt die Verständlichkeit im Gespräch eine zentrale Rolle. Gleichermaßen wichtig für die Informationsbeschaffung sind die richtigen Fragen, die in unterschiedlichen Gesprächsformen, wie etwa Auftragsklärung, Projektübergabe oder der Anforderungsanalyse eingesetzt werden können. Fragen führen alleine meist nicht zum Ziel. Wertschätzung, aktives Zuhören und genaues Beobachten unterstützen Sie ebenfalls dabei, Ihre Anliegen verständlich zu machen. Das Apprenticing ist eine Methode, die diese grundlegenden Techniken der erfolgreichen Gesprächsführung bündelt. Sie findet vor allem in der Anforderungsanalyse Anwendung.

4.1 Erfahrungs- und Hierarchieasymmetrien blockieren den Informationsfluss

4.1.1 Die geplatzte Auftragsübergabe

Dario arbeitet seit drei Wochen in seinem ersten richtigen Job als Junior-Projektleiter im Baugewerbe. Bei seinen ersten Einsätzen soll er den Bauleiter Roman unterstützen. Der 42-Jährige gelernte Maurer Roman ist ein erfahrener Baustellenlogistiker. Er hat Dario selber eingestellt und hofft, dass dieser ihn bald entlasten kann. Dario bringt nämlich viel Berufserfahrung mit. Selbst während des Studiums hat er im elterlichen Bauunternehmen ausgeholfen. Außerdem hat Dario vor dem Studium eine Ausbildung zum Bauplaner in einem Architekturbüro absolviert. Das schätzt Roman sehr, denn er hat keine Lust, einen dieser „Theoretiker von der Uni" monatelang einweisen zu müssen. Roman ist sich sicher, dass Dario für seinen ersten selbständigen Einsatz reif ist. Die beiden begegnen sich an einem kühlen Morgen vor dem Bürocontainer.

Roman	Hallo, Dario, gut, dass ich dich sehe. Ich fahre nächste Woche in den Urlaub. Ich wollte dich bitten, für mich in dieser Zeit als Bauleitung an der Toblerstraße für das Mühlenprojekt einzuspringen.
Dario	Du gehst in die Ferien? Du meinst, ich soll dich an der Toblerstraße vertreten? Das ist doch die Mühle. Das ist ein super Projekt.
Roman	Ja, genau.
Dario	*Zieht die Schultern zusammen* Wie komme ich zu der unverhofften Ehre?
Roman	Ist doch blöd, immer nur mir hinterher zu laufen. Jetzt kannst du mal zeigen, was du kannst. *Klopft Dario auf die Schulter*
Dario	*Verunsichert* Läuft denn da alles nach Plan? Muss ich etwas Spezielles beachten?
Roman	Was soll die Fragerei? Super läuft es, alles im Plan. Du musst nur die Offene-Punkte-Liste abarbeiten und schauen, dass der Fredi im Lager die Untergrenzen für die Materialposten im Auge behält. Das ist sowieso sein Job.
Dario	*Wird immer nervöser* Ist auf den Fredi kein Verlass?
Roman	Doch natürlich. Du, ich muss jetzt wirklich weiter.
Dario	*Läuft ihm hinterher* Entschuldigung, also nochmals wegen der Liste. Wenn du die vorbeibringst, dann können wir uns die anschauen. Dann können wir eine saubere Übergabe machen. Dauert ja nicht so lange. Allerhöchstens eine Stunde.
Roman	*Bleibt stehen* Die Liste ist auf dem Server. Ich schicke dir jetzt rasch den Link. Eine Stunde für eine Übergabe? Wenn ich für jede Baustelle eine Stunde für die Übergabe bräuchte, könnte ich erst in Urlaub fahren, wenn die Schule wieder losgeht. Da würde ich mit der Familie Ärger kriegen. *Pause – zögert* Hast du etwa Zweifel, dass du das packst, oder gibt es Schwachpunkte in meiner Planung, von denen ich noch nichts weiß? *Grinst übermütig*
Dario	*Zaghaft* Nein, natürlich nicht. Ich arbeite einfach gerne gründlich und umsichtig.
Roman	*stutzt plötzlich, wird ernst* Willst du damit etwa sagen, dass ich nicht gründlich bin?
Dario	Auf keinen Fall. Du schüttelst das einfach aus dem Ärmel.
Roman	Gut. Und wo ist dann das Problem?
Dario	*Kleinlaut.* Es gibt kein Problem. Bis später und schönen Urlaub, falls wir uns nicht mehr sehen. Ich freue mich, dass ich die Aufgabe übernehmen darf.
Roman	Gut. Die Liste hast du jetzt. Ich muss jetzt wirklich los. *Wendet sich ab*
Dario	Danke dir vielmals.

Der Junior-Projektleiter blitzt mit seinem Zaudern bei seinem Chef ab. Er erhält nicht die Informationen, die er benötigt. Das hat in der folgenden Woche Konsequenzen: Während der Vertretungszeit gibt es erhebliche Probleme in der Disposition, die dazu führen, dass drei Arbeiter über mehrere Stunden nicht beschäftigt werden können. Die historischen Ziegel einer lokalen Abrissfirma für das Dach der Mühle werden nicht zeitgerecht geliefert. Die Firma hatte den Termin anders notiert als Roman in seiner Planungsübersicht. Überhaupt waren die Anmerkungen von Roman in seiner Aktivitätenübersicht denkbar knapp. Dario muss sich mehrmals während der Woche mit dem Disponenten besprechen, welche Ressourcen wann erwartet werden. Diese improvisierten Abstimmungen kosten so viel Zeit, dass er die Einreichung von Vermessungsunterlagen für ein anderes Projekt verschieben muss.

4.1.2   Informationsweitergabe in einer arbeitsteiligen Wirtschaft

Das Fehlen wichtiger Informationen hat dazu geführt, dass die Ferienvertretung letztlich nicht gelingt. Der Junior-Projektleiter ärgert sich, dass er nicht beharrlicher nachgefragt hat. Sein Vorgesetzter wird sich vermutlich nach seiner Rückkehr auch ärgern, wie wenig effektiv er delegiert hat. Dabei handelt es sich bei dieser Übergabe um eine Routinesituation. Der berufliche Alltag ist von Arbeitsteilung geprägt. Fast alle Aufgaben werden im Team erledigt. Aufträge werden ständig delegiert. Produkte werden in Teilkomponenten entwickelt. Vorschläge zur Qualitätsverbesserung werden bei einer zentralen Einheit eingereicht. Prozesse, die viele betreffen, werden von dritter Seite angepasst oder erneuert. Gerade die Alltäglichkeit der Arbeitsteilung bringt besondere kommunikative Herausforderungen mit sich. Informationen sind nicht vollständig, werden missverstanden oder gehen verloren. Oft wird im Aushandlungsprozess nicht sauber geklärt, ob es sich bei Informationen um eine Bring- oder Holschuld handelt. Abstimmungen erfolgen ad hoc. So wird die Informationsweitergabe häufig nicht mit derselben Umsicht vorbereitet, wie dies bei spezifischen und besonderen Gesprächsanlässen, wie Mitarbeitergespräch, Kritikgespräch oder einem Coaching der Fall ist.

Zeitdruck kann dazu führen, dass Aufträge nicht ordnungsgemäß und vollständig übertragen werden. Oft wird dieser Zeitdruck aber auch nur vorgeschoben, weil sich die Auftrag gebende Person nicht die Mühe machen will, die einzelnen Aufgaben vorzubereiten und zu dokumentieren, bevor sie delegiert werden.

Im vertrauten Umfeld ist es eher möglich, einen Auftrag über den Tisch zu werfen und den Mitarbeitenden ohne weitere Instruktionen die Umsetzung zu überlassen. Eine derart informelle Auftragsübergabe funktioniert dann gut, wenn die Fähigkeiten und Erfahrungen von Kollegen bereits gut eingeschätzt werden können und eine ausreichende Vertrauensbasis in die Erfolgsverantwortung der Betroffenen vorhanden ist. Das hat viel mit dem Common Ground der Beteiligten zu tun (Kap. 2). Je grösser er ist, desto effizienter die Kommunikation. Das Aufeinandertreffen von Junior-Projektleiter und Chef zeigt jedoch, dass er von einem der Gesprächspartner überschätzt werden kann.

4.1.3   Die Verantwortung für die Informationsweitergabe

Generell zahlt es sich aus, Zeit und Aufmerksamkeit für die Informations- und Auftrags-
weitergabe einzuplanen, damit der Auftrag richtig verstanden wird. Im Fallbeispiel liegt
die Ursache möglicherweise darin, dass die erfahrene Führungskraft zu wenig kritisch
nachgedacht hat und einen zu positiven Eindruck vom neuen Junior-Projektleiter hat. Das
ist eine riskante Situation für Dario, denn wer möchte schon im Gespräch vermeintliche
Schwächen und Unsicherheiten zugeben, wenn der Chef einen positiven Eindruck zu haben scheint?

Doch könnte Dario die Gelegenheit durchaus nutzen, um durch explizites Rückfragen
und effiziente Gesprächsführung den Common Ground zu verstärken (Jucker und Smith
1996, S. 3). In unserem Fallbeispiel liegt die Verantwortung für das Scheitern in erster
Linie bei Roman. Er ist die Führungskraft. Mangelndes Einfühlungsvermögen und Zeitnot
sorgen dafür, dass er Darios Zögern nicht richtig deutet. Er schätzt dessen Kenntnisse
falsch ein und reagiert nicht angemessen auf die Einwände. Er setzt sich durch, ohne dass
die richtigen Fragen gestellt werden können.

Dennoch hätte auch Dario mit mehr Selbstbewusstsein reagieren müssen. Auf der
Baustelle muss er selbstbewusst und sicher agieren, sonst wird man ihm dort die Füh-
rungsfähigkeit absprechen.

► Führung muss eingefordert werden können, denn letztlich geht es bei der Übernahme eines Auftrags darum, eine gewünschte Anschlusshandlung zu gewähr-
   leisten.

Welche Fragen und welches Vorgehen geeignet wären, um den Common Ground zu
vergrößern, könnte der Junior-Projektleiter durch einen Perspektivenwechsel herausfin-
den. Wie würde er sich an Romans Stelle verhalten wollen?

Bei der operativen Umsetzung der Projektleitung müssen die vier Lernschritte Beobachtung, Imitation, Kontrolle und Feedback beachtet werden: Welche Schritte sind in
welcher Reihenfolge normalerweise zu erledigen? Mit wem muss ich wann sprechen?
Was tue ich, wenn etwas Unvorhergesehenes passiert? Ausnahmen von der Regel, wie sie
im Projektalltag unvermeidbar sind, können psychologisch trainiert werden.

Für die Auftragsübergabe an neue und junge Mitarbeitende arbeiten geschulte Führungskräfte und Ausbilder nach einem Vier-Stufen-Modell (REFA Verband für Arbeitsstudien und Betriebsorganisation e. V. 1984).

1. Vorbereiten und erklären: Die Führungskraft überprüft kritisch die Vorkenntnisse der
   jungen Fachkraft und bereitet die Arbeitsmaterialien vor. In unserem Fall würde dies
   idealerweise bedeuten, dass der Chef dem Junior bereits während der ersten Bau-
   stellenbesuche Fragen stellt, um sich einen Eindruck zu verschaffen, wie der junge
   Projektmitarbeiter die Situation vor Ort einschätzt. Außerdem würde er die Aufträge
   für seine Urlaubswoche so vorbereiten, dass Dario die einzelnen Aktivitäten nach-

vollziehen kann bzw. Rückfragen formulieren kann. Dadurch, dass Roman Darios Fähigkeiten überschätzt, kommt es nicht dazu. Deshalb sollte der Junior-Projektleiter früh nach der Zielsetzung der gemeinsamen Besuche mit seinem Vorgesetzten auf der Baustelle fragen. Wüsste er von Anfang an, dass er die Vertretung übernehmen soll, könnte er zielgerichtet bereits während der ersten Vor-Ort-Besuche Fragen stellen.

2. Vormachen und erklären: Die Führungskraft gibt einen Überblick, was zu tun ist, und zeigt, wie es getan werden muss. Danach kann sich die Fachkraft an der Aufgabe unter Begleitung versuchen und Fragen stellen. Auch die Führungskraft kann durch Rückfragen sicherstellen, dass die Aufgabe ausgeführt werden kann. Der Bauleiter würde also den Ablauf der nächsten Woche im Überblick erläutern und dann seine zukünftige Vertretung auffordern, ihm kurz zu erklären, wie er die einzelnen Schritte ausführen würde. Umgekehrt kann der junge Projektleiter erneut die Gelegenheit nutzen, Fragen zu stellen oder bitten, bestimmte Abläufe genauer darzustellen.

3. Nachmachen und erklären lassen: Im dritten Schritt kann eine erste Kontrolle erfolgen. Mögliche Fehler werden vermieden. Das ist auch bei einer Ferienvertretung wie im Falle unseres Beispiels möglich, wenn in den letzten Tagen vor Übernahme der Ferienvertretung die Rollen von Chef und der Vertretung bereits getauscht werden. Ein großer strategischer Fehler von Roman ist, dass er Dario nicht von Anfang an in sein Vorhaben, ihm die Ferienvertretung zu übergeben, einbezieht. Vielleicht fasst Roman diesen Entschluss kurzfristig, weil eine erfahrenere Alternative ausgefallen ist.

4. Vertiefen durch fehlerfreies Üben: Nach Abschluss des Auftrags findet ein Feedbackgespräch statt. In unserem Fallbeispiel wird dies ein sehr kritisches Gespräch, da es zu Fehlern während der Vertretung gekommen ist. Gut geplant, ist ein solches Feedbackgespräch aus Beziehungssicht Ausdruck von Wertschätzung und auf der Sachseite die Gelegenheit, die Verantwortung zurück zu übertragen.

▶   In Expertenteams wird Information als Holschuld wahrgenommen, unabhängig von der Hierarchie. Wer nicht fragt, trägt die Mitverantwortung, wenn der Auftrag scheitert. Zielstrebige Kommunikation ist der Schmierstoff der erfolgreichen Delegation.

4.1.4   Die Verständlichmacher

Neben den grundsätzlichen Vorgehensfragen (Kap. 3) spielt auch das sprachliche Ausdrucksvermögen bei der Auftragsübergabe eine große Rolle. Zahlreiche Konzepte wurden entwickelt, um die Verständlichkeit sprachlicher Äußerungen überprüfen und ausbauen zu können. Dabei ist Verständlichkeit keine eindeutig messbare Norm im Gespräch. Wibke Weber (2008, S. 210) hat in ihrem *Kompendium Informationsdesign* die Faktoren zusammengestellt, die Einfluss auf die Verständlichkeit von Texten haben. Diese haben wir auf Gespräche übertragen.

- Gesprächsanlass: Weshalb wird das Gespräch geführt? Geht es um die Weitergabe von Informationen? Geht es um ein Feedback?
- Gesprächsziel: Welcher Zweck wird mit dem Gespräch verfolgt? Geht es um Informationen? Geht es darum zu überzeugen?
- Gesprächspartner: Wie sind seine kognitiven Fähigkeiten einzuschätzen? Gibt es Wissensasymmetrien zwischen den Beteiligten des Gesprächs, die berücksichtigt werden müssen?
- Kontext: In welchem Zusammenhang steht das Gespräch? Welche Rolle spielen etwa Zeitdruck und Wettbewerb im Gespräch? Welchen Einfluss haben Hierarchie und Erfahrung auf den Verlauf?

Im deutschsprachigen Raum dürfte das Hamburger Verständlichkeitsmodell (Langer et al. 2011) das bekannteste Konzept zur Förderung verständlicher Texte sein (Weber 2008, S. 210). Die vier Verständlichmacher bilden eine handlungsorientierte Heuristik, Informationen richtig weiterzugeben. Das kann eine Urlaubsvertretung wie bei Dario und Roman sein, das können die Einweisung in eine neue Maschine, die Änderung eines Prozessablaufs oder Messungen im Labor sein.

Die Verständlichmacher sind:

1. **Einfachheit:** Dieses Kriterium bezieht sich auf Satzbau und Wortwahl. Praktisch leiten die Forscher daraus die Empfehlung ab, kürzere Sätze sowie kürzere und vertraute Wörter (max. 3 Silben) zu bevorzugen.
2. **Gliederung/Ordnung:** Dieses Kriterium erstreckt sich sowohl auf den einzelnen Satz, der folgerichtig aufgebaut sein soll, wie auch auf die Ordnung des gesamten Textes. Das heißt, die Informationen werden in einer sinnvollen Reihenfolge angeboten. Im Gespräch bedeutet dies, dass nur ein Gedanke pro Satz gesagt wird. Wichtig ist auch die Reihenfolge: das Wichtigste zuerst, wobei die Sinnzusammenhänge durch Absätze erkennbar gemacht werden. In einem Gespräch werden Abschnitte durch Redepausen, andere prosodische Elemente und explizit gemachte Anordnungen deutlich gemacht (erstens, zweitens, drittens).
3. **Kürze/Prägnanz**: Das Kriterium ist dann optimal erfüllt, wenn alles gesagt wurde, was zum Verständnis notwendig ist, ohne in andere Themen abzuschweifen. Möglichst nicht in andere Themen abzudriften ist gerade auch für ein Gespräch sehr wichtig, da sonst wichtige Fakten nicht erinnert werden bzw. mit weniger relevanten Informationen vermischt werden.
4. **Zusätzliche Anregung:** Darunter versteht man, wie attraktiv ein Text gestaltet ist. Werden die Informationen anhand von Geschichten und Beispielen erläutert? Werden Grafiken zur Veranschaulichung eingebunden? Im vorliegenden Ge-

spräch kann dies gelingen, indem Hilfsmittel hinzugezogen werden, um Ideen zu erläutern, beispielsweise Skizzen auf einem Whiteboard, eine Systemdemo oder wie im Fallbeispiel eine To-Do-Liste zur Veranschaulichung. Direktes Zeigen und die Möglichkeit, sofort zurückzufragen, ist ein großer Vorteil mündlicher Kommunikation.

Die Kriterien sind der Versuch, die Defizite schriftlicher Texte im Vergleich zu mündlichen Dialogen auszuräumen. Von daher können sie auch – unter Berücksichtigung gewisser Besonderheiten – auf die Gesprächsführung angewendet werden. Zwar steht die geringere Vorausplanungskapazität von Sprechern und Zuhörern der Verständlichkeit zunächst entgegen. Diese fehlende Voraussicht kann durchaus zunächst dazu führen, dass mündliche Aussagen schwerer zu verstehen sind. Aufgrund mangelnder Planung ist beispielsweise die Anordnung der gesprochenen Sätze wirr. Teilweise gibt es Planänderungen mitten im Satz (z. B. Anakoluth). Es wird ohne Punkt und Komma gesprochen, was die Orientierung beim Zuhören erschwert. Das hat vor allem auch mit der psychologischen Einstellung zu tun, dass ein Redner sein Rederecht nicht verlieren möchte. Statt einer sachgerechten Pause ziehen manche Redner deshalb Interjektionen, floskelhafte Einschübe („um ganz ehrlich zu sein", „um es ganz platt zu sagen") oder inhaltliche Nebengedanken („Da fällt mir noch ein, ...") vor. Obwohl diese Merkmale zunächst so wirken, dass sie einer effektiven Kommunikation im Weg stehen, haben sie mit Blick auf die Verständlichkeit auch eine positive Wirkung. Wiederholungen und Einschübe geben uns als Zuhörer die Zeit, das Gehörte zu verarbeiten und den Gedanken unmittelbar folgen zu können. Gleichzeitig bietet eine Gesprächsgelegenheit im Vergleich zu einem Text immer auch die Gelegenheit, direkt zurückzufragen und so potentiellen Missverständnissen vorzubeugen. Zu den Merkmalen gesprochener Sprache, welche die Verständlichkeit erhöhen, gehören die folgenden Elemente:

- Wiederholungen/Redundanzen
- Ellipsen, die das Gesagte in kleinere Portionen packen
- Grammatisch veränderter Satzbau in Nebensätzen, der Sprecher- und Hörerseite das Verb früher bekannt gibt („weil du kennst das schon")
- Diskurs- oder Modalpartikel, wie ähm, also, ja, doch, wohl, schon: sie geben Zuhörern Zeit, das vorher Gesagte zu verstehen und dem Sprechenden Zeit, die Konstruktion des Satzes zu überdenken.

Um die Verständlichkeit zu konkretisieren, enthält das Hamburger Modell eine konkrete Bewertung der einzelnen Kriterien. Diese Kriterien werden in Abb. 4.1 direkt auf Gespräche übertragen.

Einfachheit – *Optimum: ++* – *Das Gespräch erreicht ein Optimum an Einfachheit.* – *Beispiele: Im Gespräch mit Nicht-Experten werden Fachbegriffe vermieden. Die Sätze sind kurz.*	**Gliederung/Ordnung** – *Optimum: ++* – *Das Gespräch hat einen „roten Faden" und eine klare Struktur.* – *Beispiel: Im Gespräch kann der „rote Faden" hörbar gemacht werden, indem beispielsweise Argumente nummeriert werden. „Drei Argumente sprechen für das Vorgehen: 1. ..., 2. ... und 3. ...*
Kürze/Prägnanz – *Optimum: O oder +* – *Die Gesprächslänge genügt, um das kommunikative Ziel zu erreichen.* – *Beispiele: Abschweifungen werden vermieden. Der vereinbarte Zeitrahmen wird eingehalten.*	**Anregende Zusätze** – *Optimum: O oder +* – *Das Ziel des Gesprächs wird angemessen unterstützt.* – *Beispiele: Prozessabläufe können an einem Whiteboard sichtbar gemacht werden. Prototypen werden genutzt, um die zukünftige Lösung zu zeigen.*

Bewertung	Ausprägung
++	Das Kriterium ist deutlich ausgeprägt
+	Das Kriterium ist nur teilweise ausgeprägt
O	Neutrale Mitte
-	Das Kriterium ist nur schwach ausgeprägt
--	Das Kriterium ist überhaupt nicht ausgeprägt

Abb. 4.1 Optimale Verständlichkeit gemäß Hamburger Verständlichkeitsmodell, übertragen auf Gespräche. (Langer et al. 2011, S. 33)

4.1.5   Fragen in der Gesprächsführung

Gerade das Kriterium Kürze/Prägnanz muss sich nach dem Informationsbedarf des Gegenübers richten. Wie wir in der Übergabe von Roman an Dario gesehen haben, ist die Informationsweitergabe zu knapp ausgefallen. Der neue Projektleiter hätte ausführlichere Informationen benötigt. Hier hätte beiden Seiten eine besser entwickelte Fragetechnik geholfen. Sein Vorgesetzter hätte gezielte Fragen stellen können, um zu überprüfen, wie weit Dario als Berufseinsteiger über das Projektvorhaben an der Mühle informiert ist. Und Dario hätte, wenn er seine Scheu überwunden hätte, Fragen nutzen können, um seinen Informationsbedarf zu stillen.

Zunächst einmal sind die Funktionen zu unterscheiden, die Fragen haben können. Pawlowski hat dazu folgende Systematisierung vorgeschlagen (2005, S. 75–88):

1. Fragen dienen dazu, die Beziehung zu gestalten. Fast alle Fragen im Beispielgespräch geben Auskunft über die Beziehung zwischen beiden Gesprächspartnern. Romans Fragen sind in diesem Sinne zu verstehen. Seine Fragen, die keine Antwort erwarten, zeigen, wie viel Vertrauen er in Dario hat. Zumindest an der Oberfläche wirkt es so. Dario dagegen traut sich nicht, seinem Vorgesetzten die eigene Unsicherheit zu gestehen. Der Hierarchieunterschied mag an dieser Stelle ausschlaggebend sein. Vielleicht aber auch der dominante Auftritt Romans, der Dario zusätzlich einschüchtert.

2. Fragen dienen dazu, Informationen zu gewinnen. Leider kommt diese Funktion im Beispielgespräch viel zu kurz, weshalb es misslingt.
3. Fragen dienen dazu, das Gespräch zu steuern. Sie helfen, Informationen zu gewinnen, bei Unsicherheiten zurückzufragen, Missverständnissen vorzubeugen, und auch das Gespräch über Entscheidungen zum Abschluss zu bringen. Dario nutzt diese Gelegenheit nicht, um Roman in die Verantwortung zu nehmen.

Trotz dieser offensichtlichen Vorzüge von Fragen für gute Gespräche ist in Expertenkreisen häufig eine gewisse Scheu vor Fragen anzutreffen. Beschäftigte in technischen Berufen sind darauf spezialisiert, komplexe Probleme zu lösen. In dieser Funktion wird erwartet, dass sie Fragen beantworten, nicht stellen. Es ist jedoch kaum möglich, sich ein offenes und auf Lernen ausgerichtetes Gespräch ohne Fragen vorzustellen (Baker und Warren 2015, S. 63). So hat beispielsweise Michael Marquardt, Direktor des Executive Leadership Program an der George Washington University, ein ganzes Buch dem Thema *Leading with Questions* gewidmet (2014).

4.1.5.1   Fragetechniken

Die Linguistik unterscheidet mehrere Fragearten, welche die erläuterten Fragefunktionen unterschiedlich bedienen. Geht es in erster Linie darum, Informationen weiterzugeben oder solche zu gewinnen? Geht es darum, einem Problem auf den Grund zu gehen? Geht es darum, Entscheidungen vorzubereiten oder zu treffen? Soll die Frage genutzt werden, um den Gesprächspartner zu beeinflussen?

Nachfolgend werden die häufigsten Fragearten und ihre Wirkung vorgestellt. Außerdem werden ihre Vor- und Nachteile präsentiert. Denn Fragen sind nicht gleich Fragen. Die richtigen Fragen zum konkreten Zeitpunkt richtig formuliert zu stellen, braucht Training.

Offene Fragen ermöglichen eine große Vielfalt an Antworten. Im Deutschen fangen sie mit den Fragewörtern an, weshalb sie auch W-Fragen genannt werden (wer, was, wann, wo, ...?). Sie sind durch die Bandbreite an Antworten besonders gut dazu geeignet, gezielt Informationen zu beschaffen. Sie dienen vor allem der Orientierung des Fragenden am Anfang des Gesprächs. Offene Fragen lassen die andere Person zu Wort kommen und lassen ihm auch einen großen Gestaltungsspielraum in der Ausgestaltung seiner Antwort. Das kann für die fragende Person den Nachteil haben, zunächst zu viele Informationen zu erhalten, die nicht gebraucht werden. Außerdem muss möglicherweise dennoch nachgefragt werden, um sicherzustellen, dass der Befragte nicht wesentliche Informationen weglässt.

Geschlossene Fragen dagegen beschränken den Antwortspielraum sehr stark. Sie sind so formuliert, dass entweder ein „Ja" oder „Nein" als Antwort möglich ist. Das ist besonders in solchen Situationen geeignet, wenn ein Sprecher eine Entscheidung sucht, aber nicht wenn er weitere Informationen zur Orientierung benötigt. Birkenbihl (2013, S. 154) unterscheidet folgende Situationen, in denen geschlossene Fragen geeignet sind:

1. Wenn man als Experte von einem Laien eine Detailinformation benötigt.
2. Wenn man es mit einem Vielredner zu tun hat, dessen Redezeit man beschränken möchte.
3. Wenn man einem schweigsamen Menschen „die Würmer aus der Nase ziehen" muss.
4. Wenn ein Problem logisch durchdacht werden will.

Wenn Dario beispielsweise Roman fragt „Ist irgendetwas Besonderes für nächste Woche zu beachten?" erhält er als Antwort keine zusätzlichen Informationen, sondern nur ein kurzes „Nein". Für eine Person in Eile, wie das bei Roman an seinem letzten Arbeitstag der Fall ist, kommt diese Frage sehr gelegen. Sie zwingt ihn nicht zum Nachdenken, so dass er die kritischen Punkte der Planung nicht sorgfältig genug mit Dario bespricht. Er muss notfalls damit rechnen, dass ihn ein verzweifelter Dario in den Ferien anruft, weil er nicht mehr weiter weiß. Um diesen Notfall zu verhindern und frühzeitig möglichst viele Informationen zu erhalten, ist es besser für Dario in dieser Situation, eine offene Frage zu stellen, welche die andere Person zur Präzisierung zwingt, z. B. „Was genau muss ich denn für nächste Woche beachten?"

> **Tipp** Rätselkrimis – auch Ja-Nein-Rätsel oder Laterale genannt – sind eine unterhaltsame Übung, um zu erkennen, wie herausfordernd es ist, an die gewünschten Informationen mittels geschlossener Fragen zu kommen. Das Spiel funktioniert wie folgt: Eine Person beschreibt eine rätselhafte Situation in wenigen Worten. Die zweite Person soll nun Fragen stellen, die nur mit „Ja" oder „Nein" beantwortet werden können. Tragen bestimmte Fragen nicht zur Lösung des Rätsels bei, können sie auch mit „irrelevant" oder „egal" beantwortet werden.
> Diese Spiele helfen zu trainieren, wie man durch systematisches Fragen Informationen sammelt. Sie bilden auch die Grundlage zahlreicher Trainings der Kommunikationsberaterin Vera Birkenbihl (z. B. 2013, S. 19).
> Im Handel sind solche Rätselspiele unter dem Namen „Black Stories" erhältlich. Es gibt aber auch zahlreiche Webseiten, in denen diese Art Rätsel samt Lösung aufgelistet sind (Suchwörter: Laterale, Ja-Nein-Rätsel).

Offene wie geschlossene Fragen sind lineare Fragen, die der Orientierung dienen. **Rhetorische Fragen** dagegen sind ein Mittel, den anderen zu beeinflussen. Rhetorische Fragen erwarten keine Antwort. Sie können zum einen die eigene Meinung unterstreichen und/oder den anderen zum Nachdenken bringen. Rhetorische Fragen benötigen psychologisches Geschick. Wird die Frage als dominant wahrgenommen – immerhin hält der Fragesteller eine Antwort für nicht erforderlich oder gibt sie sich selber – kann dies vom Gesprächspartner als Geringschätzung empfunden werden. Roman beispielsweise formuliert seine Frage „Hältst du mich etwa für unzuverlässig?" als rhetorische Frage, da er – ganz überzeugt von sich und seiner Leistungsfähigkeit, gar keine Antwort erwartet. Sie bringt Dario zum Überlegen. Er erkennt, dass seine Art nach Informationen zu fragen, nicht zielführend war. Im Gegenteil, Roman führt ihn mit dieser Frage ein wenig vor und überrumpelt ihn. Zugleich handelt es sich bei diesem Beispiel um eine **suggestive Frage**. Sie gibt die Antwort nämlich durch ihre Tonalität bereits vor, denn sie schließt eine Bejahung dieser Frage bereits aus.

Komplex sind auch **Alternativfragen**. Sie kombinieren mehrere geschlossene Fragen. „Muss ich zuerst die Disposition kontrollieren oder soll ich mich zuerst mit dem Polier besprechen?" wäre eine mögliche Alternativfrage, die Dario stellen könnte. Er fragt nach der Priorität der Arbeiten, überlässt aber dem Chef die Entscheidung. Alternativfragen sind zum einen geschickt, weil sie die Lösungsmöglichkeit bereits aufnehmen. Ein „Nein" ist unmöglich. Vielmehr erhält der Gesprächspartner den Eindruck, die Wahl zu haben. Alternativfragen können also auch der Beeinflussung dienen. Der große Nachteil besteht darin, dass sie mit steigender Anzahl der aufgezählten Optionen komplizierter werden und der Überblick verloren geht. In solchen Fällen bietet es sich an, zunächst die Alternativen überblicksartig vorzustellen und dann jeweils die Vor- und Nachteile zu besprechen, bevor dann abschließend gefragt wird, welche der Alternativen bevorzugt wird.

Zirkuläre Fragen dienen der Reflexion einer zu treffenden Entscheidung. Hierbei handelt es sich um Fragen, die auf einen Perspektivenwechsel beim Gesprächspartner abzielen. Wenn wir uns wieder das Gespräch zur Ferienvertretung vor Augen rufen, könnte Roman mit zirkulären Fragen sicherstellen, ob Dario seine Aufgaben richtig verstanden hat. Mit einer Rückfrage wie „Was würdest du an meiner Stelle tun?" könnte er sicherstellen, dass Dario die anstehenden Herausforderungen meistern kann. Mit der Beispielfrage „Was würde Fredi tun, wenn die Materialien nicht rechtzeitig geliefert werden?" könnte er kontrollieren, ob Dario die Funktion und Bedeutung der Disposition im Projekt verstanden hat. Nachteil in einem handlungsorientierten Gespräch kann die komplizierte Satzstruktur sein, die sich oft aus dem hypothetischen Charakter dieser Frageform ergibt: „Was wäre wenn, … ?" oder „Was würde … ?" Eine besondere Variante der zirkulären Frage ist die sogenannte **Wunderfrage**. Ihre Funktion besteht darin, alternative Sichtweisen und eine konstruktive Zielsetzung zu entwickeln: „Angenommen, du müsstest mich ab morgen vertreten. Was müsste passieren, damit du dich als stellvertretender Projektleiter sicher fühlst?" Diese Form der Frage kann als stark intervenierend empfunden werden, da sie häufig auf das Selbstverständnis des Gesprächspartners und damit auf die Beziehungsseite zielt.

Bei einer **Fangfrage** handelt es sich um eine geschickt gestellte Frage, mit der man erreichen will, dass der Befragte sich verrät oder etwas ungewollt preisgibt. Wenn eine Jungunternehmerin in einer Investorenrunde gefragt wird, bei welchem Unternehmenswert sie die eigene Firma verkaufen würde, sollte sie die Antwort gut bedenken. In diesem Fall enthält die Frage nämlich die Unterstellung, dass sie als Gründerin möglicherweise bereit sei, das eigene Unternehmen verkaufen zu wollen, bevor es überhaupt richtig aufgebaut ist. Strategische Investoren werden kein Geld geben, wenn sie als Antwort einen konkreten Unternehmenswert genannt bekommen. Aus der Antwort schließen sie dann nämlich, dass es der Firmengründerin um das Geld, nicht um eine langfristige Unternehmensentwicklung geht. Wenn Roman – um auf das Fallbeispiel dieses Kapitels zurückzukommen – etwa sicherstellen möchte, dass Dario während seiner Vertretung ständig erreichbar ist, könnte er folgende Fangfrage formulieren: „Wenn du dir während der Vertretung einen Tag frei nimmst, wem würdest du dann die Verantwortung übergeben?" Aufrichtiger wäre es, Dario direkt zu fragen, ob er Abwesenheiten plant und ihn darauf hinzuweisen, weshalb das in diesem spezifischen Fall keine gute Idee sei. Die Fangfrage könnte Darios Vertrauen zu Roman untergraben und seine Unsicherheit noch erhöhen – keine gute Voraussetzung, die Vertretung erfolgreich zu gestalten. Fangfragen werden eher in solchen Kontexten gebraucht, in denen es darum geht, die Reaktionsschnelligkeit und das Selbstbewusstsein des Gesprächspartners auf die Probe zu stellen. Sie sind eine häufige Frageform in Bewerbungsgesprächen.

Häufig passiert es im Gespräch auch, dass Fragen als Aussagesatz formuliert sind. Eine solche **eingebettete Frage** kann den Vorteil haben, dass der Antwortdruck gemildert wird. Der Gesprächspartner kann frei entscheiden, ob er auf die Frage reagieren kann. Andererseits kann dies auch bedeuten, dass die Möglichkeit zur Antwort nicht genutzt wird, weil die Frageform nicht erkannt wird. Negativ wirken kann auch, wenn eine solche Frage den Charakter einer rhetorischen Frage erhält: Der Konditionalsatz „Wenn jetzt also deine Zweifel geklärt sind, dann fahre ich jetzt zur nächsten Baustelle . . ." beinhaltet die implizite Frage, ob Dario alles verstanden hat. Durch die Einbettung könnte ein zurückhaltender Gesprächspartner die Gelegenheit versäumen, noch einmal nachzuhaken.

Gegenfragen stellt man, damit man Zeit gewinnen kann. Dies ist dann zu empfehlen, wenn man die Antwort nicht weiß und Zeit zum Überlegen braucht oder die Frage nicht verstanden hat. Wenn wir an das Gespräch auf der Baustelle zurückdenken, könnte Roman zum Abschluss fragen: „Hast du die Sache mit dem Ziegeltransport verstanden?", worauf Dario mit einer Gegenfrage entgegnen könnte: „Moment, Roman, da bin ich mir nicht sicher, ob ich alles richtig verstanden habe. Was genau ist die Aufgabe von Fredi beim Ziegeltransport?" Zu empfehlen ist in solchen Situationen, dass die Gegenfrage explizit angekündigt wird und sie damit nicht als bloßes Zeitschinden verstanden wird. Generell haben Gegenfragen zwei Funktionen. Sie schaffen die Gelegenheit, mehr Informationen zu gewinnen, und bieten die Möglichkeit, die Ebene des Gesprächs zu wechseln, also beispielsweise von der Sachseite auf die Selbstoffenbarung: „Ich bin mir nicht sicher, ob ich Sie verstanden habe. Darf ich kurz nachfragen, was Sie genau mit diesem Sachverhalt meinen?"

Frage: Fragen formulieren

Nutzen sie die verschiedenen Fragearten und formulieren Sie weitere Fragen aus Darios und Romans Sicht, die helfen würden, das Übergabegespräch konstruktiv zu gestalten.

4.1.5.2 Fragefehler

Elementare Fragefehler resultieren aus fehlender Wertschätzung des Gegenübers und/oder fehlendem Kontakt zum Befragten (Patrzek 2015, S. 210). Wertschätzung ist von Romans Seite grundsätzlich vorhanden. Ihm fehlt jedoch die Fähigkeit, sich die Unsicherheit des jungen Projektleiters vorzustellen. Er überschätzt ihn, weil er sich zu wenig Gedanken macht. Außerdem hat Dario während Romans Abwesenheit keinerlei Möglichkeit,

Rückfragen zu stellen. Darüber hinaus sind in dem knappen Gespräch viele typische Fragefehler vorhanden. Roman gibt in seinen **suggestiv gestellten Fragen** die Antworten bereits vor (Patrzek 2015, S. 215–216). Wer eine Frage stellt, erwartet normalerweise eine Antwort. Nicht so Roman in diesem Fall. Wenn er nachfragt „Hast du etwa Zweifel, dass du das packst, oder gibt es Schwachpunkte in meiner Planung, von denen ich noch nichts weiß?" versteckt sich dahinter der Appell, „Stell dich nicht so an!" Er duldet keinen Widerspruch und spielt stattdessen seine Autorität aus. Er **gibt die Antwort vor**.

Patrzek (2015) gibt auf den Seiten 211–221 seines Handbuchs *Fragekompetenz für Führungskräfte: Handbuch für wirksame Gespräche* einen ausführlichen Überblick über weitere Fragefehler, die im aktuellen Gesprächsbeispiel nicht vorkommen. Dazu gehören **Verhörfragen**. Diese bedrängen den Befragten, wodurch sich Widerstand entwickelt. Von Verhörfragen spricht man, wenn eine Frage an die andere gereiht wird, ohne dass die fragende Person eine Reaktion auf die jeweilige Antwort zeigt. Wenig hilfreich sind ebenso **diffuse Fragen**, die nicht auf den Punkt kommen bzw. zu viele Fragen auf einmal.

Es gibt verschiedene Möglichkeiten, den speziellen Fall, mit zu vielen Fragen auf einmal konfrontiert zu werden, zu systematisieren. Patrzek systematisiert diese nach ihrer jeweiligen Anordnung. So können **Mehrfachfragen**, also die Aneinanderreihung mehrerer Fragen, den Gefragten verwirren und überfordern. Wird dem Angesprochenen keine Zeit zum Antworten gelassen, spricht Patrzek vom **Fragebombardement**. Auch in diesem Fall handelt es sich um eine Anordnung mehrerer Fragen. Werden zu viele geschlossene Fragen aneinandergereiht, handelt es sich um einen **Fragetunnel**. „Haben Sie den Laborbericht gesehen? Sie sind doch ebenfalls einverstanden mit diesem Vorgehen? Ist Ihr Kollege aus der Technik einverstanden damit? Das sind doch tolle Ergebnisse, nicht?" Auch hier folgt als Reaktion auf die vielen Fragen, dass sich die angesprochene Person unter Beschuss fühlt und sich aus dem Gespräch zurückzieht. Häufiger in akademischen Debatten zu finden ist der **Fragemonolog**. Eine zu lange Einführung mit eigener Meinung oder Hypothese sorgt dafür, dass die eigentliche Frage lange auf sich warten lässt. So kann beim Angesprochenen der Eindruck entstehen, dass es der fragenden Person nicht um die Frage geht, sondern um die Darstellung des eigenen Wissens. Umgekehrt kann es auch passieren, dass **Fragen auf dem falschen Abstraktionsniveau** gestellt werden. Das ist z. B. der Fall, wenn Detailfragen zu einem Zeitpunkt gestellt werden, wenn nicht einmal die grobe Richtung des Gesprächs bzw. der Anforderung bekannt ist. Das ist ein häufiger Fehler in vielen Expertenrunden. Wenn es beispielsweise um Ideen für eine neue Applikation geht, werden bereits Detailfragen zur Migration von Altdaten gestellt, auch wenn die strategischen Ziele dieser neuen App noch nicht bekannt sind. Für solche Fälle empfiehlt Patrzek, auf einem mittleren Niveau anzufangen und sich dann schrittweise vorzutasten. Fehlt den Fragen eine logisch nachvollziehbare Anordnung, wie beispielsweise vom Allgemeinen zum Speziellen, so spricht Patrzek vom **Frageroulette**, d. h. erst werden allgemeine Fragen zu Ziel und Evaluation der neuen Applikation gestellt, plötzlich kommen Detailfragen zur Migration, um dann unmittelbar wieder auf die strategische Ebene der Geschäftsentwicklung zurückzukehren. Wie soll der Befragte wissen, worauf der Fragende hinaus will? Eine solche unsystematische Anordnung von Fragen kann sehr verwirrend wirken. Eine gute Vorbereitung hilft für die Strukturierung der Fragen. Wirken die Fragen gesamthaft so, dass der Befragte in eine bestimmte Richtung gedrängt wird, kann man auch vom **Fragekäfig** sprechen. Das ist zum Beispiel dann der Fall, wenn eine Reihe geschlossener Fragen mit suggestiver Wirkung gestellt werden: „Nein, tatsächlich? Du traust dir das also nicht zu? Ist das wirklich dein Ernst? Ist das denn wirklich wahr?" Als Fragender ist es in solchen Situationen hilfreich, die eigenen Hypothesen zu hinterfragen und auch bereit zu sein, diese aufzugeben.

Fragen können also einen negativen Aspekt haben. Menschen können sich ausgefragt und ausgehorcht fühlen. Dann funktioniert das Gespräch auf der Beziehungsseite nicht. Wie in Kap. 3 ausgeführt, wirkt diese Art von Ausfragen als Gesprächsstörer (Bay 2006, S. 48–49). Gesprächsfördernd dagegen wirken Fragen dann, wenn sie helfen, gewisse Aspekte einer Aussage zu vertiefen (Bay 2006, S. 66–70). Diese Frageformen sind Bestandteil des Aktiven Zuhörens und können in zwei Varianten angewendet werden. Zum einen kann der Zuhörer mit Hilfe einer offenen Frage den Fragenden dazu bringen, über sich selber und seine Gefühle zu sprechen. Im Gespräch zwischen Roman und Dario könnte Roman zum Beispiel nachfragen: „Was kann ich für dich tun, damit du dich sicher fühlst?" Die zweite Variante besteht in einer klärenden Frage. Diese kann dazu beitragen, dass ein Teilaspekt eines Satzes geklärt wird. Auch hier geht es in erster Linie darum, dass ein Gefühlsaspekt nicht explizit gemacht wird, sondern über sprachliche Andeutungen zum Ausdruck kommt. Dazu gehören Ausschmückungen in Aussagen wie „vielleicht", „eigentlich", „irgendwie", „an und für sich", „möglicherweise". Die klärende Frage erlaubt, nachzuhaken: Was meinst du mit vielleicht? Diese Fragetechnik ist besonders günstig, wenn es darum geht, die Bedenken des anderen in Erfahrung zu bringen.

Frage: Fragefehler benennen

Finden Sie heraus, um welchen Fragefehler es sich in den folgenden Beispielen handelt.

Beispiel 1:

F: Kannst du das?
A: Ja.
F: Bist du bereit, das Risiko zu übernehmen?
A: Ja.
F: Kannst du dich denn auf der Baustelle durchsetzen?
A: Ja.
F: Macht du auch Überstunden, wenn erforderlich?
A: Hm …

Beispiel 2:

F: Du arbeitest doch jetzt auch schon sicher jeden Tag länger als 9 h?
A: Ähm, ja schon …

Beispiel 3:

F: Jetzt sag mal, was soll ich mit dir anfangen, wenn du Angst hast, meine Vertretung zu übernehmen?

Beispiel 4:

F: Was hat dir denn am Studium am besten gefallen? Und was war nicht so gut? Wieso hast du eigentlich kein Praktikum im Building Information Management gemacht? Hattest du eigentlich auch Vorlesungen bei dem Balzer?

A: Ja, wo soll ich jetzt anfangen? Also ...

4.1.6 Die fragezentrierte Gesprächseinheit – eine zweite Chance dank besserer Fragen

Wenn Dario von Anfang an effektive Techniken zur Gesprächsführung angewandt hätte, wäre das Gespräch erfolgreicher verlaufen. Das ist zwar unbequem, aber nützlicher für alle Beteiligten:

Roman	Hoi Dario, gut, dass ich dich sehe. Ich gehe doch nächste Woche in die Ferien. Ich habe dich für diese Zeit als Bauleitung beim Mühlenprojekt eingesetzt.
Dario	Voll cool (*wird nervös*). Du meinst die Sanierung der historischen Mühle? Ich war ja schon mehrmals auf der Baustelle. Mit dir sogar. Gib's zu! Das hast du so eingefädelt.
Roman	Ja klar, damit du dich vor Ort auskennst und mit dem Polier bekannt bist. Das wird 'ne gute Sache. Das weiß ich.
Dario	Die Aufgabe gefällt mir. Gibt es denn ein paar Sachen, auf die ich nächste Woche besonders achten muss? Wo sind die kritischen Punkte?
Roman	Du, ich muss jetzt wirklich los.
Dario	Ich kann mir gut vorstellen, dass du am letzten Arbeitstag mehr als genug zu tun hast. Sobald du mir deine Planung schickst, kann ich mir die einzelnen Aktivitäten anschauen und gezielter Rückfragen stellen.
Roman	*Irritiert* Der Reihe nach. Ich sehe, du hast noch ein paar offene Fragen. Aber ne Sitzung deshalb? Ich habe die Disposition der Materialien und Arbeitskräfte schon vorbereitet. Kritische Punkte? Aber gut, dass du nach den kritischen Punkten fragst. Kritisch sind vor allem die alten Ziegel. Wenn der Müller von der Abrissfirma die wieder verschlampt, haben wir ein Problem. Nicht nur mit dem Arbeitseinsatz, sondern auch mit dem Denkmalschutz. Den rufst du am besten zwei Tage vor Lieferung nochmals an. Und dann soll dich Fredi unterstützen, dass die Untergrenzen für die Materialposten nicht unterschritten werden.
Dario	Ich sehe, du hast alles im Kopf. Beneidenswert. Lass uns die Punkte gemeinsam durchgehen, wenn ich die Übersicht habe.

Roman	Die Liste ist auf dem Server. Ich schicke dir jetzt rasch den Link.
	Pause – zögert
	Hast du etwa Schiss, dass du das nicht packst?
Dario	*Sicher*
	Nein, natürlich nicht. Mir fehlt noch die Erfahrung, da möchte ich auf Nummer Sicher gehen. Mit deiner Hilfe schaffe ich das. Wann wollen wir uns zusammensetzen?
Roman	Also gut, eine halbe Stunde – aber erst in der Kaffeepause.
Dario	Danke, das wäre gut. Ich bin wirklich froh, dass du dir Zeit für mich nimmst.
	Zögert
	Und schickst du mir dann die Liste?
Roman	*Grinst*
	Meine Güte, nimmst du das genau.
	Zückt sein Handy und sucht nach der Datei
	Gut. Die Liste hast du jetzt. Bis später.
	Klopft Dario auf die Schulter
Dario	*Blickt erleichtert vom Handy auf*
	Bis später. Danke dir für deine Zeit.

Roman hat zwar nicht besonders viel Zeit, wird aber stutzig, weil ihn Darios offene Frage zu Beginn zum Präzisieren zwingt. Zwar ist am Anfang des Gesprächs eine Tendenz zu Mehrfachfragen zu erkennen, aber die Aneinanderreihung von maximal zwei Fragen zeigt in diesem konkreten Fall auch die Dringlichkeit der Situation. Roman wird dank der Fragen bewusst, dass seine Planung für andere nicht ganz verständlich ist. Deshalb nimmt

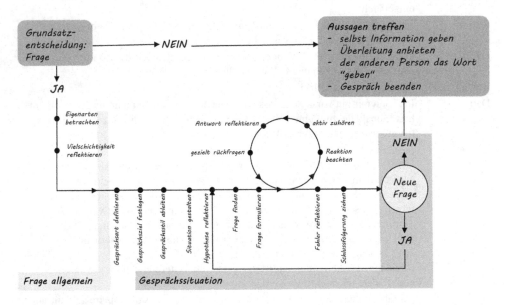

Abb. 4.2 Die fragezentrierte Gesprächseinheit. (Patrzek 2015, S. 335)

er sich nun doch Zeit. Gleichzeitig wird Darios positive Zielsetzung sichtbar. Darios Beharrlichkeit sorgt dafür, dass Roman genauer über seine eigene Planung nachdenkt und die Lücken erkennt. Roman ist genervt, freut sich aber über Darios Durchsetzungsvermögen.

Die grundsätzliche Schwäche des Gesprächs zwischen Dario und Roman liegt in seinem spontanen Zustandekommen. Mit etwas mehr Vorbereitung hätte der Bauleiter dieses Gespräch besser ankündigen können, so dass es von beiden Seiten erfolgreicher und kürzer hätte gestaltet werden können. So machen beide das Beste aus der Situation.

Viele Gespräche, die der Informationsgewinnung dienen, sind fragezentriert. Den gedanklichen Ablauf einer solchen fragezentrierten Gesprächseinheit hat Patrzek ausführlich beschrieben. Abb. 4.2 verdeutlicht, dass es sich um eine Frageschleife handelt, die – je nach Bedarf – mehrmals durchlaufen wird (nach Patrzek 2015, S. 335).

4.2 Wissensasymmetrien in der interdisziplinären Zusammenarbeit überbrücken

4.2.1 Interdisziplinäre Herausforderungen

In Projekten spielen nicht nur Hierarchie- und Erfahrungsunterschiede eine Rolle, sondern auch Wissensunterschiede. Das kann gerade für interdisziplinäre Projekte herausfordernd werden. Die meisten Studiengänge und Ausbildungen sind entlang von Fachgebieten organisiert. Das schafft Grenzen zwischen den Disziplinen, welche die interdisziplinäre Zusammenarbeit erschweren können. Disziplinäres Selbstverständnis zeigt sich auf mehreren Ebenen:

- In einer disziplinspezifischen Fachsprache, dem Jargon
- In fachspezifischen Arbeitsweisen und Denkmustern
- Im Einsatz von Beispielen, mit denen Nicht-Experten gegenüber die eigene Expertise herausgestellt wird (vgl. Verhein et al. 2015, S. 8)

Interdisziplinäre Kommunikationssituationen erfordern deshalb eine besonders sorgfältige und explizite Kommunikation. Während beispielsweise Mitarbeitende in Fachabteilungen von Industrieunternehmen sehr oft prozessorientiert denken, gehen Informatiker oder Informatikerinnen objektorientiert an ihre Aufgabenstellungen heran. Ähnliches ist in Produktionsstätten zu beobachten: Konstrukteure und ihre Kollegen in der Produktion haben oft die gleiche Ausbildung. Die Spezialisierung führt dennoch zu einer eigenen Begriffswelt und anderem Kontextwissen. Jede Person hält ihre Methode nun für die richtige und lehnt die andere als weniger geeignet ab. Welche Herangehensweise gewählt wird, ist deshalb explizit auszuhandeln bzw. ein Perspektivenwechsel bei der Betrachtung des Problems notwendig (Verhein et al. 2015, S. 9). So ist es auch möglich, negativen Stereotypen entgegen zu wirken.

Nina Janich und Ekaterina Zakharova (2014) haben in einer Studie die schriftliche Projektkommunikation im Spannungsfeld von transdisziplinärem Anspruch und disziplinären Rahmenbedingungen untersucht. Zu diesem Zweck haben die beiden Linguistinnen ein gemeinsames interdisziplinäres Projekt zwischen Physik und Politikwissenschaft begleitet. Untersucht wurde die Frage, ob, wie und in welcher Projektphase davon gesprochen werden kann, dass die Projektmitarbeitenden eine gemeinsame Sprache entwickelt haben. Im Rahmen dieser Untersuchungen waren sie an den Einigungsprozessen interessiert, die zur Entstehung einer solchen gemeinsamen Sprache geführt haben. Die Ergebnisse zeigen, dass eine „gemeinsame Sprache" weit mehr sein muss als eine wechselseitige Aufklärung über terminologische Bedeutungen der jeweils anderen Disziplin (Janich und Zakharova 2014, S. 22).

Die Aushandlungsprozesse erstrecken sich neben der Inhaltsebene ebenso auf die Verfahrensebene (Umgang mit Zeit, Umgang mit dem Schreibprozess) wie auch auf die Beziehungsseite. Auf der Beziehungsseite kommen beispielsweise auch unterschiedliche Umgangsweisen mit Hierarchien zum Ausdruck. Während in dem einen Unternehmen oder auch einer Spezialabteilung sehr flache Hierarchien bevorzugt werden, können in einem Zulieferunternehmen oder einem anderen Studiengang hierarchische Unterscheidungen den Umgangston prägen (Kap. 2).

> Sich der Terminologie und Methodik der eigenen Disziplin bewusst zu werden, schafft erst die Voraussetzung dafür, andere Disziplinen besser zu verstehen. Gleichzeitig wird durch diese Selbstvergewisserung aus der Außenperspektive der Blick auf die Möglichkeiten und Grenzen des eigenen Fachgebiets geschärft (Verhein et al. 2015, S. 10).

Wenn Menschen aus unterschiedlichen Fachgebieten seit längerem miteinander zusammenarbeiten, kann sich fälschlicherweise der Eindruck einschleichen, dass man eine gemeinsame Sprache spricht. Bei Entscheidungen kann diese vermeintlich gemeinsame Begriffsbasis zwischen Experten unterschiedlicher Fachgebiete zu schlechten Entscheidungen führen: Man glaubt, vom Gleichen zu sprechen, und meint doch etwas anderes. Der umstrittenste Begriff, so erläutern Janich und Zakharova, im erwähnten Projekt zwischen Physik und Politikwissenschaft, war „Gerechtigkeit". Der wertgeladene Begriff wurde ausführlich diskutiert und reflektiert und wurde auch innerhalb der beiden Disziplinen als problematisch betrachtet (Janich und Zakharova 2014, S. 12). Von daher ist es wichtig, in einem interdisziplinären Projekt terminologische Klärungen, die inhaltlichen Verantwortlichkeiten (im beschriebenen Fall wäre das die Politikwissenschaft für den beispielhaft genannten Begriff der Gerechtigkeit), die Aushandlung unterschiedlicher Vorgehensweisen und die Reflexion der Beziehungen in die Prozessabläufe mit einzuplanen. Eine gute Frage- und Reflexionstechnik kann ein interdisziplinäres Projekt vor unliebsamen Differenzen schützen.

In der Software-Entwicklung kann eine unreflektierte Herangehensweise ebenfalls an vielen Stellen im Prozess zu einem Problem werden, etwa bei der Beschreibung von Fehlermeldungen, in der Anforderungsanalyse oder im Testing. So kann eine zweideutige Verwendung eines Begriffs für ein und dasselbe Material zu Verzögerungen in der Fehlerbearbeitung führen (wenn beispielsweise nur allgemein von „Felge" gesprochen wird, statt die präzise Bezeichnung aus dem Materialkatalog mit Angabe der Materialstammnummer zu nutzen). Die schriftliche Form kann User zur Präzisierung zwingen, doch gerade die mündliche Situation ist kommunikativ besonders gut geeignet, Missverständnissen vorzubeugen. Rückfragen und Paraphrasierungen sind Möglichkeiten, unmittelbar auf eine Äußerung zu reagieren („Wie genau lautet die Fehlermeldung auf dem Bildschirm?").

Weiterhin gehören unklare Erwartungen zu den großen Herausforderungen in der Produktentwicklung. Auch dies hat oft mit unterschiedlichem Kontextwissen zu tun. Befragungstechniken, wie Umfragen mittels Fragebogen, Interviews oder Besuche bei den Usern gehören zu den Standardtechniken der Anforderungserhebung. Anhand gezielter Fragen lassen sich Sachverhalte, Abläufe und Wünsche schildern. Systemuser beispielsweise können auch mit gut vorbereiteten Fragekatalogen nicht immer ihre eigenen Verhaltensweisen und Motivationen beschreiben. Diese können sogar zur Überforderung der Befragten führen. Das hat sehr viel damit zu tun, dass es sich bei einer Anforderungsanalyse sehr häufig um „dicht bepackte Informationen" handelt, die von den Befragten nicht immer unmittelbar abgerufen werden können (Rupp & SOPHIST-Gesellschaft für Innovatives Software-Engineering 2009, S. 99).

4.2.2 Das Apprenticing verbindet Wertschätzung mit aktivem Zuhören

Es gibt viele unterschiedliche Wege, die Kommunikation in der interdisziplinären Zusammenarbeit zu verbessern. Nachfolgend wird exemplarisch das Apprenticing aus dem Kontextdesign vorgestellt, weil es eine besonders praxisorientierte, erprobte und kommunikative Herangehensweise ist, die interdisziplinäre Zusammenarbeit zu fördern. Sie kann in vielen technischen Disziplinen angewendet werden (Holzblatt und Beyer o.J.). Besondere Verbreitung hat sie in der Anforderungsanalyse gefunden.

Beim Apprenticing handelt es sich um eine Beobachtungs-Technik aus der Anforderungsanalyse, die auf einem Meister-Lehrling-Verhältnis aufbaut. Die Person, die eine Anforderung aufnimmt, übernimmt die Rolle des Lehrlings. Die Person, die das System nutzt, übernimmt die Rolle des Meisters und weist den Lehrling in das System ein. Damit kann sich der Lehrling ein genaues Bild von der Leistungsfähigkeit, aber auch von den Schwächen des Systems, machen. Unvertraut mit den Abläufen wird der Lehrling Fehler machen, die er für die Verbesserung des Systems, aber auch für das Schreiben von Testfällen nutzen kann.

Wie sieht Ihr typischer Tagesablauf aus?

Was hilft Ihnen, Ihren Job gut zu machen?

Was sind Ihre häufigsten Tätigkeiten?

Wie erledigen Sie diese Tätigkeiten?

Wozu nutzen Sie die Anwendung bzw. die Maschine?

Was hilft Ihnen, Ihre Aktivitäten mit Leichtigkeit zu erledigen?

Was hindert Sie daran, Ihre Tätigkeiten zu erledigen?

Welche Anwendungen nutzen Sie besonders häufig?

Welche benötigen Sie nur selten?

Abb. 4.3 Apprenticing in der Anforderungsanalyse

Apprenticing kommt nicht nur zwischen Entwicklung und System-Usern zum Einsatz, um Wissensasymmetrien auszubalancieren. Die Technik ist auch geeignet, hierarchieübergreifend den Wissenstransfer sicherzustellen. In vielen IT-Firmen testen die Manager die neu entwickelte Software mit. Und es schadet nicht, wenn der neue CEO am ersten Arbeitstag mithilft, die Lieferung in Empfang zu nehmen. So lernt er, wie der Betrieb läuft. Umgekehrt kann es grundsätzlich hilfreich für die Ideenfindung sein, wenn Anfänger oder Anfängerinnen die Rolle eines Experten oder einer Führungskraft temporär übernehmen, um zu originellen Einsichten zu kommen.

Ausgangspunkt des Verfahrens ist die Annahme, dass sich viele User ihrer Arbeitsabläufe nicht bewusst sind. Sie werden ihnen erst im Tun bewusst. Deshalb liegt nahe, dass die Anforderungen direkt im Arbeitsumfeld der User aufgenommen werden. Statt verbaler Antworten erlernt der Apprentice selber, die Tätigkeiten der Systemuser auszuführen. Dadurch kann der Apprentice anhand der Erläuterungen und Anweisungen der anderen Person die Abläufe besser verstehen, als wenn er nur eine fertige User Story lesen würde. Nehmen wir ein Beispiel: Nora begleitet einen Tag als Businessanalystin aus der IT den Accountant Emre bei seiner Arbeit in der Fachabteilung. Sie führt nach seinen Anweisungen die anfallenden Arbeiten aus. So kann sie sich als Apprentice ein gutes Bild von den Arbeitsabläufen machen, gezielt Fragen stellen und ihre Ergebnisse dokumentieren (Abb. 4.3). Welche Tätigkeiten gehören zum täglichen Ablauf? Welche Funktionen werden eher selten ausgeführt? Wie viel Aufwand muss Emre für die Qualitätssicherung seiner Daten treiben? Welche Systeme nutzt er als Datenlieferant? Welche manuellen Schritte könnten automatisiert werden?

Apprenticing ist also eine Mischung aus Beobachtung, eigenem Tun und gezieltem Nachfragen zu all dem, was beim Ausführen der Tätigkeiten unklar bleibt. Nachfragen dient vor allem dazu, den Befragten zum Weiterdenken und Weitersprechen anzuregen.

Es lohnt sich, im Vorfeld eines Apprenticing-Einsatzes Fragen zu entwickeln, die ein strukturiertes Einsammeln der Informationen erlauben (Abb. 4.3). Offene Frageformen sind dafür am besten geeignet. Gerade für den Einstieg in eine Anforderungsanalyse helfen Sie, wie etwa im Falle Noras, die Antwort und das Wissen der befragten Person einzuschätzen. Elementarer Bestandteil der Gesprächsführung sind in solchen Situationen, in denen User ihre Probleme schildern, auch klärende Fragen (Gesprächsförderer, Kap. 7).

> Ein Katalog von Basisfragen ist von Nutzen, um dem Gespräch eine Ordnung zu geben. Gutes Zuhören und die Beobachtung der Befragten sollten jedoch im Mittelpunkt stehen, so dass spontan neue Fragen generiert werden können, wenn ein Punkt unklar ist. Sie dienen als Sprungbrett für ein lehrreiches Gespräch.

▶ **Tipp** Trainieren Sie Ihre Fähigkeit, gute Fragen zu stellen, täglich. Nutzen Sie die Gelegenheit im Small Talk mit den Kollegen und Kolleginnen am Kaffee- oder Tee-Automaten genauso wie im Gespräch mit Ihrer Führungskraft oder Ihrer Kundschaft. Wer offen gute Fragen stellt, zeigt selbständiges Denken und Interesse an der anderen Person.

Apprenticing mag kurzfristig zeit- und kostenintensiv sein (Rupp & SOPHIST-Gesellschaft für Innovatives Software-Engineering 2009, S. 95), weshalb häufig aus Termingründen darauf verzichtet wird. Emre kommt an diesem Tag nicht so schnell wie gewohnt voran mit seiner Arbeit. Nora kann Anrufe anderer Kunden nicht unmittelbar beantworten. Apprenticing wird unter den Bedingungen effizienten Arbeitens mit kurzfristiger Zielorientierung manchmal als Störung im laufenden Betrieb wahrgenommen. Es kann auf lange Sicht jedoch die Kosten für Nachforderungen und Fehler maßgeblich senken. Apprenticing soll sich nicht auf reines Beobachten beschränken. Es lebt von einem guten Mix, in dem sich eigenes Tun, Beobachten, aktives Zuhören, geplantes Fragen und spontanes Nachfragen abwechseln. Ausschlaggebend für den Erfolg ist der Perspektivenwechsel, den Nora vornehmen muss. Diese emotionale Intelligenz ist nicht nur für das Apprenticing ausschlaggebend, sondern für jedes Gespräch, das der Informationsbeschaffung und -weitergabe dient.

4.3 Lösungsvorschläge zu den Fragen

Fragearten formulieren
Beispiele für offene Fragen:

- Roman: „Was musst du noch wissen, damit du meine Vertretung übernehmen kannst?"
- Dario: „Wo ist die Projektdokumentation gespeichert?"
- Dario: „Wen kann ich fragen, wenn ich Hilfe brauche?"

- Dario: „Was genau ist die Aufgabe von Fredi beim Transport der Ziegel?"
- Dario: „Wann kommen die Leute vom Denkmalschutz vorbei?"

Je nach Kenntnisstand eignen sich offene Fragen besonders gut, um Informationen sachgerecht auszutauschen.

Beispiele für geschlossene Fragen:

- Dario: „Würdest du mir für den Notfall deine Handynummer geben?"
- Dario: „Kann ich mich auf den Müller verlassen?"

Beide Fragen fordern den Chef zu einer Entscheidung auf.

Beispiel für eine hypothetische Frage:

- Dario: „Angenommen, es gibt Probleme bei der Lieferung der Ziegel. Was würdest du tun?"

Diese Frage würde den Projektleiter auffordern, einen kompletten Prozess durchzuspielen. Aus seiner Antwort kann Roman als Chef dann ableiten, wie gut der neue Mitarbeiter ist.

Beispiel für eine Wunderfrage:

- Roman: „Angenommen, du müsstest mich ab morgen vertreten, weil ich krank werde. Was wäre nötig, damit du dich als stellvertretender Projektleiter sicher fühlst?"

Diese Frage fordert dazu auf, einen kompletten Prozess durchzuspielen. Bei einer Wunderfrage geht es vor allem darum, die Voraussetzungen für einen gewünschten Zustand zu klären.

Fragefehler benennen
Beispiel 1: Zu viele geschlossene Fragen hintereinander wirken wie ein Fragetunnel. Sie können den Effekt haben, dass sich die befragte Person bedrängt fühlt.

F: „Kannst du das?"
A: „Ja."
F: „Bist du bereit, das Risiko zu übernehmen."
A: „Ja."
F: „Kannst du dich denn auf der Baustelle durchsetzen?"
A: „Ja."
F: „Machst du auch Überstunden, wenn erforderlich?"
A: „Hm . . ."

Im Beispiel 2 handelt es sich um eine Suggestivfrage, die eine Verneinung fast unmöglich macht.

F: „Du arbeitest doch jetzt auch schon sicher jeden Tag länger als 9 h?"
A: „Ähm, ja schon … "

Beispiel 3 ist ebenfalls eine Suggestivfrage, die mit einer Drohung verbunden wird. Diese Frage hat damit den Charakter einer Verhörfrage:

F: „Jetzt sag mal, was soll ich mit dir anfangen, wenn du Angst hast, meine Vertretung zu übernehmen?"

Bei diesem letzten Beispiel handelt es sich um Mehrfachfragen. Sie wirken erdrückend und desorientieren möglicherweise die Person, der die Fragen gestellt werden.

F: „Was hat dir denn am Studium am besten gefallen? Und was war nicht so gut? Wieso hast du eigentlich kein Praktikum im Building Information Management gemacht? Hattest du eigentlich auch Vorlesungen bei dem Balzer?"
A: „Ja, wo soll ich jetzt anfangen? Also … "

Literatur

Baker, T., & Warren, A. (2015). *Conversations at work: promoting a culture of conversation in the changing workplace*. Houndmills, Basingstoke, New York: Palgrave Macmillan.

Bay, R. H. (2006). *Erfolgreiche Gespräche durch aktives Zuhören* (5. Aufl.). Renningen: expert.

Birkenbihl, V. F. (2013). *Fragetechnik … schnell trainiert: das Trainingsprogramm für Ihre erfolgreiche Gesprächsführung* (20. Aufl.). München: mvg.

Holzblatt, K., & Beyer, H. R. (o. J.). Contextual Design. In: Interaction Design Foundation (Hrsg.). *The Encyclopedia of Human-Computer Interaction*. https://www.interaction-design.org/literature/book/the-encyclopedia-of-human-computer-interaction-2nd-ed/contextual-design. Zugegriffen: 7. Juli 2017.

Janich, N., & Zakharova, E. (2014). Fiktion ‚gemeinsame Sprache'? Interdisziplinäre Aushandlungsprozesse auf der Inhalts-, der Verfahrens- und der Beziehungsebene. *Zeitschrift für angewandte Linguistik, 61*(1), 3–25.

Jucker, A. H., & Smith, S. W. (1996). Explicit and implicit ways of enhancing common ground in conversations. *Pragmatics, 6*, 1–18.

Langer, I., Schulz von Thun, F., & Tausch, R. (2011). *Sich verständlich ausdrücken* (9. Aufl.). München: Reinhardt.

Marquardt, M. J. (2014). *Leading with questions: how leaders find the right solutions by knowing what to ask (revised and updated)*. San Francisco: Jossey-Bass.

Patrzek, A. (2015). *Fragekompetenz für Führungskräfte: Handbuch für wirksame Gespräche* (6. Aufl.). Wiesbaden: Springer Gabler.

Pawlowski, K. (2005). *Konstruktiv Gespräche führen: Fähigkeiten aktivieren, Ziele verfolgen, Lösungen finden* (4. Aufl.). München: Reinhardt.

REFA Verband für Arbeitsstudien und Betriebsorganisation e. V. (Hrsg.). (1984). *Methoden des Arbeitsstudiums, Teil 1: Grundlagen*. München: Hanser.

Rupp, C., & SOPHIST-Gesellschaft für Innovatives Software-Engineering (Hrsg.). (2009). *Requirements-Engineering und -Management: professionelle, iterative Anforderungsanalyse für die Praxis* (5. Aufl.). München: Hanser.

Verhein, A., Engelke, D., & Keller, D. (2015). *Transdisziplinäre Projekte – Konzeption, Begleitung und Bewertung. Eine Handreichung für Dozierende*. Rapperswil: HSR Hochschule für Technik Rapperswil.

Weber, W. (Hrsg.). (2008). *Kompendium Informationsdesign*. Berlin: Springer.

Dranbleiben! – Interessen überzeugend vertreten   5

Zusammenfassung

Aus manchen Gesprächen geht man mit dem unguten Gefühl heraus, dass die guten Argumente ganz auf der eigenen Seite lagen – und trotzdem konnte man mit den Argumenten seine Interessen nicht überzeugend vertreten. Einfach nur gute Argumente vorzubringen, reicht offensichtlich nicht aus. Damit die Argumente überzeugend wirken, müssen sie auf das Ziel der Argumentation ausgerichtet sein. Verschiedene Argumentationsfiguren sind ein nützliches Werkzeug für das Sammeln von guten Argumenten. Um dann aus den guten Argumenten wirksame Argumente zu machen, muss man sich auf das Gegenüber einstellen, rhetorische und psychologische Wege zur wirksamen Argumentation kennen und anwenden können.

5.1 Überzeugen statt Überreden

Auch wenn die eigenen Argumente noch so gut scheinen, sobald man in den Modus des Überredens fällt, wird es schwierig. Statt die eigenen Interessen überzeugend vertreten zu können, ruft man beim Gegenüber leicht Widerstand hervor, wie das folgende Fallbeispiel illustriert.

© Springer-Verlag GmbH Deutschland 2018   85
A. Verhein-Jarren et al., *Gesprächsführung in technischen Berufen*,
Kommunikation und Medienmanagement, https://doi.org/10.1007/978-3-662-53317-8_5

5.1.1 Eine Terminverschiebung durchdrücken

Die IT-Abteilung hat die Umstellung von lokal installierter Software auf eine Cloud-Lösung evaluiert. Investitions- und Supportkosten lassen sich damit deutlich senken, die Leistungen für die Nutzer bleiben gleich – oder verbessern sich sogar, zum Beispiel gibt es schnellere Updates, da sie zentral an einer Stelle erledigt werden können. Im IT-Koordinationsgremium werden die verschiedenen technischen Möglichkeiten evaluiert, ein Konzept erarbeitet. Die Argumente für die Umstellung werden für gut befunden. Eine Fachabteilung stellt sich für den Probebetrieb zur Verfügung. Der Probebetrieb läuft gut, die Implementierung für alle wird geplant, die anderen Fachabteilungen werden über den Zeitplan informiert.

Einer der Abteilungsleiter, Christian, ruft verärgert beim zuständigen IT-Mitarbeiter Hans an.

Abteilungslei-ter Christian	*Eindringlich* Sag mal, Hans, was soll das denn? Ihr könnt doch nicht einfach über unseren Kopf hinweg mal eben so neue IT-Lösungen einführen.
IT-Mitarbei-ter Hans	*Überrascht* Wie „mal eben so" und „über euren Kopf hinweg"? Das Thema läuft im IT-Koordinationsgremium seit über einem Dreivierteljahr. Dort haben wir alles ausführlich besprochen, die verschiedenen Lösungsmöglichkeiten, die Evaluationen, den Zeitplan usw. Ihr habt doch auch einen Vertreter in dem Gremium. Wer ist denn das noch gleich? Ach so ja, Karl. Da wart ihr doch also auch dabei. Karl müsste euch eigentlich auf dem Laufenden gehalten haben. Das ist jedenfalls seine Aufgabe. *Leicht drohend* Also wenn euch euer Vertreter nicht regelmäßig informiert oder ihr die Protokolle nicht lest, kann ich auch nichts dafür. Dann müsst ihr eben mit den Folgen leben.
Abteilungslei-ter Christian	*Betont nüchtern* Nun mal langsam. Mir ist nichts davon bekannt, dass das Gremium überhaupt entscheidungsberechtigt ist. Da haben wir als Abteilungsleiter ja wohl auch noch ein Wörtchen mitzureden. Aber lassen wir das mal beiseite. Wir sind uns jedenfalls noch gar nicht sicher, ob die Umstellung bei uns etwas bringt. Sicher sind wir aber, dass sie zu dem von euch festgesetzten Zeitpunkt unmöglich ist.
IT-Mitarbei-ter Hans	*Überrascht* Soll das jetzt heißen, ihr weigert euch? *Erklärend* Wir haben doch die Funktionalitäten ausführlich getestet. Der Verkauf hat alles ausprobiert. Sie sind begeistert. Die Software läuft stabil, steht überall zur Verfügung und ist wirklich ohne Verzögerung aktualisiert. Und eingesparte Kosten und Zeit kommen den Abteilungen doch an anderer Stelle wieder zugute. Wir haben die Aufträge schon vorbereitet und unsere gesamte Arbeitsplanung bereits auf die Umstellung ausgerichtet. Auch das Marketing kann es gar nicht erwarten, bis die Cloud-Lösung implementiert ist.

Abteilungsleiter Christian	*Belehrend*
	Du weißt schon, dass wir in unserer Abteilung auch störungsfrei auf unsere Schulungssoftware zugreifen können müssen. Habt ihr das auch getestet? Ich wüsste nicht, dass die anderen Abteilungen diese Software einsetzen. Außerdem habt ihr euch als Implementierungszeitpunkt genau die beiden Wochen vorm Start unserer wichtigsten und umfangreichsten Schulungen ausgesucht.
	Dramatisch
	Ich wage mir gar nicht auszumalen, was passiert, wenn die Software in unseren Schulungen nicht stabil läuft. Unsere Kunden steigen uns aufs Dach. Mal abgesehen vom Stress, der bei uns damit ausgelöst wird: Der Imageschaden fällt auf uns alle zurück! Die Geschäftsleitung wird uns fragen, ob wir den Verstand verloren haben. Und weißt du was: Ich finde, sie hätte recht mit der Frage. Also wir sind bei der Implementierung nicht dabei. Das kann ich nicht verantworten.
IT-Mitarbeiter Hans	*Spitz*
	Und du glaubst, dass ihr so ohne weiteres einen Sonderzug fahren könnt?
	Betont nüchtern
	Wir haben schließlich auch unsere Rahmenbedingungen. Wir müssen rein technisch auf einen bestimmten Zeitpunkt hin alles umgestellt haben. Außerdem können wir uns nicht vierfachen Arbeitsaufwand leisten, nur weil ihr Angst habt, irgendetwas könnte nicht funktionieren. Rede doch einfach nochmal mit Lukas vom Verkauf. Wie gesagt, bei denen läuft alles super. Vielleicht kann er dich überzeugen, wenn du mir schon nicht glaubst.
Abteilungsleiter Christian	*Scharf*
	Das ist für mich ein Thema für die Sitzung der Abteilungsleiter. Manchmal habe ich den Eindruck, dass ihr vor lauter IT-Wolken die Bedürfnisse der Fachabteilungen gar nicht mehr sehen könnt.
IT-Mitarbeiter Hans	*Ironisch*
	Na, da bin ich gespannt. Ich werde dann ja hören, was dabei herauskommt.
	Betont nüchtern
	Mach dir aber nicht allzu viel Hoffnung, dass sich an unserem Zeitplan noch etwas ändert lässt. Also, dann noch einen schönen Tag.
Abteilungsleiter Christian	*Betont nüchtern*
	Ja, dir auch.

Für den IT-Mitarbeiter ist alles in Ordnung. Die Implementierung ist gut vorbereitet, die Tester zufrieden – und dann das: Ein Abteilungsleiter fühlt sich übergangen. Der IT-Mitarbeiter reagiert mit Widerstand. Zwischen den beiden Beteiligten beginnt eher ein Schlagabtausch als eine Argumentation, die sich mit jedem Hin und Her immer mehr zu einem Kampf um das Durchsetzen des eigenen Standpunkts entwickelt: Cloud-Lösung ja und jetzt (Standpunkt des IT-Mitarbeiters) vs. Cloud-Lösung eventuell aber auf keinen Fall zum jetzt geplanten Zeitpunkt (Standpunkt des Abteilungsleiters). Dabei werden von beiden Seiten durchaus gute Argumente vorgebracht.

Die Argumente auf Seiten des IT-Mitarbeiters:

- Das Thema wird schon lange und ausführlich diskutiert.
- Es wurden verschiedene Lösungsmöglichkeiten entwickelt und evaluiert.
- Ein Zeitplan wurde abgestimmt.

- Die betroffenen Abteilungen waren im Gremium vertreten.
- Alle Funktionalitäten wurden mit einer Abteilung getestet.
- Die Testabteilung war sehr zufrieden. Die Software läuft stabil, steht zur Verfügung, kann zeitnah aktualisiert werden.
- Eingesparte Ressourcen fließen in die Abteilungen zurück.
- Aufträge und Arbeitsplan sind bereits auf die Implementierung ausgerichtet.
- Auch eine andere Abteilung befürwortet die Umstellung unbedingt.
- Sonderzüge für einzelne sind nicht möglich.
- Der Zeitplan ist aufgrund der technischen und organisatorischen Rahmenbedingungen in der IT-Abteilung und dem Cloud-Provider zwingend.
- Es gibt kaum Möglichkeiten, den Zeitplan nochmals zu ändern.

Schon die schiere Menge der Argumente ist erschlagend. Und das sind die Argumente auf Seiten des Abteilungsleiters:

- Wir waren nicht beteiligt.
- Das Koordinationsgremium ist nicht entscheidungsberechtigt.
- Die Umsetzung bringt der Abteilung nichts.
- Die Umsetzung ist zu diesem Zeitpunkt nicht möglich.
- Eine Schulungssoftware wurde nicht getestet.
- Die Implementierung findet in den beiden Wochen vor den wichtigsten Schulungen statt.
- Die Abteilung wird Stress mit Kunden haben.
- Das ganze Unternehmen wird einen Imageschaden erleiden.
- Die IT beachtet die Bedürfnisse der anderen Abteilungen nicht.

Beide scheinen sich aber nicht für die Argumente der jeweils anderen Seite zu interessieren. Die Argumente werden zu Überredungsversuchen kombiniert, die nur zur Verstimmung führen, zumal sie gegen Schluss auch immer deutlicher in einem betont nüchternen geschäftsmäßigen Tonfall vorgetragen werden und eher als Drohungen gedacht sind. Der nüchterne Tonfall verdeckt oberflächlich, dass beide verärgert sind. Beide haben ein ungutes Gefühl, keiner konnte den anderen von seinem Standpunkt überzeugen. Es geht nur noch darum, sich durchzusetzen. Die Fronten sind verhärtet, das Problem selber ist nicht gelöst, ja rein inhaltlich noch nicht einmal klar beschrieben:

> Das Schwierigste am Diskutieren ist nicht, den eigenen Standpunkt zu verteidigen, sondern ihn zu kennen (André Maurios, 1885–1967).

5.1.2 Argumentationsziele

Im Fallbeispiel aus Abschn. 5.1.1 entwickelt sich aus einem argumentativen Schlagabtausch eine kompetitive Argumentation, in der es nur noch um das Durchsetzen des eigenen Standpunktes geht, vgl. Kap. 3. Genau mit diesem Ziel werden Argumente widerlegt, wird die gegnerische Meinung entwertet und wird überhaupt eine Fülle von Argumenten – wirkungslos – präsentiert.

Das inhaltlich gewichtigere Argument setzt sich eben nicht so ohne weiteres durch. Es ist oft gar nicht so leicht auszumachen, denn die Perspektiven der Beteiligten sind zu unterschiedlich. Die Gewichtung von Argumenten wird allzu oft ersetzt durch den „Erfolg" desjenigen, der aggressiv den eigenen Standpunkt vertritt, der schneller ist, der mächtiger ist, der das Gegenüber überrollt statt überzeugt.

Die Wirksamkeit und Faszination von aggressivem Auftreten und Machtdemonstrationen spiegelt sich in den Titeln vieler Publikationen, verbunden mit Ratschlägen, wie man diese Art des Argumentierens nutzen oder wie man sich gegen diese Art des Argumentierens zur Wehr setzen könnte: Schwarze Rhetorik, Rhetorik des Bösen, Fiese Rhetoriktricks, Argumentieren unter Stress. Mehr oder weniger offene Kämpfe um Positionen oder auch subtiles Akzeptanzgerangel – alle Überlegungen zu einer kooperativen, auf das Überzeugen gerichteten Argumentation brechen sich an gelebten Realitäten in Unternehmen, an notorischem Zeitmangel in Arbeitskontexten. Der Anteil an kompetitiven Argumentationen, in denen das Überrollen, das Überreden praktiziert wird, dürfte deshalb hoch sein.

Kompetitives Argumentieren hat jedoch seinen Preis. Wenn Durchsetzen verstanden wird als „mit Machtmitteln" agieren, auf das Überzeugen verzichten, dann wird manches inhaltlich überzeugende Argument überhört werden und mindestens ebenso fatal – wird die Kooperationsbereitschaft gefährdet und auf Dauer untergraben werden. Ob es einem Gegenüber ums Überzeugen oder nur ums Überreden – oder um es unfreundlicher auszudrücken ums Gewinnen – geht, wird der Gesprächspartner intuitiv schnell bemerken. Entsprechende Widerstandsreaktionen sind vorprogrammiert. Die Kennzeichen der verschiedenen Argumentationshaltungen, von kompetitiven und kooperativen Argumentationen, sind in Abb. 5.1 festgehalten.

Das Gegenüber zu überzeugen kann tatsächlich nur gelingen, wenn begründet wird, wenn Ziele verdeutlicht werden, wenn Gründe und Absichten transparent werden. Erst dann wird eine kooperative Argumentation möglich, lässt sich die Qualität von Argumenten erkennen.

Man sollte sich die eigenen Argumentationsziele bewusst machen und sie nicht zu hoch stecken. Kooperatives Handeln aus Überzeugung steht als das weitestgehende Ziel am Ende einer langen Kette von möglichen Zielen:

Abb. 5.1 Argumentationshaltungen. (Inspiriert von Allhoff und Allhoff 2016, S. 137)

Der Partner ist bereit, unsere Argumente anzuhören.

Er denkt über diese Argumente nach, gleicht sie mit seinen Standpunkten oder Planungsmustern ab.

Er stimmt uns zwar nicht zu, zeigt aber Verständnis für unseren Standpunkt, unsere Idee.

Er gibt zu, dass wir von unserem Standpunkt aus Recht haben.

Er ist in seinem Standpunkt verunsichert.

Er handelt in unserem Sinne, ändert seine Einstellung jedoch nicht.

Er ist überzeugt, dass wir Recht haben (Konsens).

Er ändert seine Einstellung, verwirft seine Pläne.

Er handelt in unserem Sinne (kooperiert), und zwar aus Überzeugung (Pawlowski und Andres-Steinke 2015, S. 30).

Um nur schon die Bereitschaft zu signalisieren, die Argumente des anderen anhören zu wollen, hätte der IT-Mitarbeiter anders vorgehen können. Er hätte etwa mit dem Abteilungsleiter klären können, woher dessen Überraschung über den Zeitplan kommt. Außerdem hätte der IT-Mitarbeiter nachfragen können, worin denn die Sorgen des Abteilungsleiters bei der Umstellung genau bestehen. Dass der sich Sorgen macht, wird in seinen Formulierungen erkennbar – und genau das sagt der IT-Mitarbeiter dem Abteilungsleiter auch gegen Ende des Schlagabtausches auf den Kopf zu. Mit dieser Interpretation (Kap. 3) – wie treffend sie auch sein mag – fördert er den Willen zur Einigung nicht. Das Gegenüber wird mit seiner Meinung nicht geachtet, die Basis für eine Überzeugung fehlt – und dann bleiben auch die besten Argumente unwirksam.

▶ **Tipp** Wirksames Argumentieren fängt mit dem Zuhören an und machen Sie sich klar, was Sie beim Gegenüber erreichen wollen.

Das Gegenüber und seine Meinung zu achten, bedeutet auch bereit zu sein, sich selber anzupassen, wenn man die Argumente des anderen als die besseren und gewichtigeren erkennt.

5.2 Wie lassen sich gute Argumente finden?

Beim Finden von guten Argumenten können Argumentsammlungen helfen. Eine systematische Sammlung von Argumenten ist ein wesentlicher Bestandteil der klassischen Rhetorik (vgl. Ueding 1994; aber auch Thiele 2015, S. 50–51; Herrmann et al. 2011; Pawlowski 2005, S. 246–250).

5.2.1 Argumentationsfiguren und Argumentsammlungen

Eine überschaubare und schnell erfassbare Systematik für Argumentsammlungen haben Allhoff und Allhoff (2016) vorgeschlagen, die die einzelnen Argumente zu Argumentationsfiguren zusammenfassen und vier Argumentationsfiguren unterscheiden: Faktische Argumentation, Plausibilitätsargumentation, moralische Argumentation und emotionale Argumentation (Abb. 5.2). Die Darstellung der Argumentationsfiguren folgt im wesentlichen Allhoff und Allhoff (2016, S. 135–147) und verwendet die Beispiele aus Verhein-Jarren (2016).

Faktische Argumentation
Bei der faktischen Argumentation werden Behauptungen gestützt durch Fakten, Daten, Kennzahlen, zum Beispiel aus Studien, kenntlich gemacht durch Quellenangaben. Zur faktischen Argumentation gehören auch Hinweise auf Abmachungen oder auf Gesetze, Paragraphen und Vorschriften.

Ein Mitarbeitender eines Unternehmens, der für Fotos künftig eine Lichtfeldkamera verwenden möchte, könnte beispielsweise argumentieren: Die Kamera ist geeignet, unser Problem mit der Tiefenschärfe zu lösen, denn die Lichtfeldtechnik erzielt bemerkenswerte

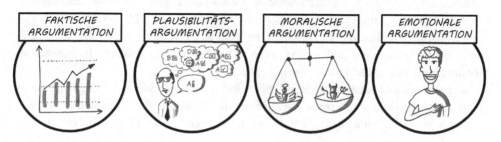

Abb. 5.2 Argumentationsfiguren. (Nach Allhoff und Allhoff 2016, Kapitel 4)

Ergebnisse im Umgang mit der Tiefenschärfe. Messungen im Rahmen einer Studie der Stanford University zeigen das.

Wird mit Fakten, Daten und Kennzahlen argumentiert, hängt die Glaubwürdigkeit und Überzeugungskraft der Argumentation an den Faktoren Genauigkeit und Nachprüfbarkeit. Wenn man also mit Fakten argumentiert will, müssen die Argumente genau und detailliert und nicht unbestimmt und ungenau formuliert werden. Die Argumente wirken je überzeugender, desto genauer ein Faktum präsentiert wird. Oftmals können schriftliche Belege die faktische Argumentation unterstreichen („Ich habe es hier schwarz auf weiß, dass ...", „Gemäß Protokoll vom 9. Juni wurde einstimmig die Einführung beschlossen."). Aus der anderen Perspektive betrachtet, wenn man also mit Fakten überzeugt werden soll, sollte man sich nicht von der Genauigkeit von Fakten blenden lassen. In der Argumentation zählt nicht das Faktum alleine, sondern die Schlussfolgerungen, die daraus gezogen werden.

▶   **Tipp** Prüfen Sie als Sender und als Empfänger alle Fakten sorgsam und kritisch. Basieren diese auf einer zuverlässigen Grundlage und sind sie aussagekräftig?

Plausibilitätsargumentation

In einer Plausibilitätsargumentation hingegen werden Behauptungen auf scheinbar allgemein gültige Meinungen gestützt. Selbstverständlichkeiten und Verallgemeinerungen sind ihre Grundlage: „Jeder weiß doch, dass ...", „... der gesunde Menschenverstand sagt einem doch, dass ...", „niemand kann bestreiten, dass ...", „Jeder hat schon die Erfahrung gemacht, ...", „Wer rechnet, erkennt bald,". Solche Formulierungen suggerieren, dass die Gültigkeit der Behauptung auf der Hand liegt und nicht bestritten werden kann. Wer wollte da (noch) widersprechen?

Der Mitarbeitende, der eine Lichtfeldkamera anschaffen möchte, könnte beispielsweise argumentieren: „Wer rechnen kann, erkennt sofort, dass wir mit dieser Kamera Zeit und Geld sparen." Oder auch: „Gerade nach früheren Outsourcing-Wellen setzt sich jetzt bei der Mehrheit der Unternehmen wieder die Meinung durch, dass zentrale Prozesse besser intern gehalten werden." Die Plausibilitätsargumentation wird übrigens im Arbeitsalltag sehr häufig eingesetzt.

Weitere Muster der Plausibilitätsargumentation sind die Arbeit mit Zustimmungsketten (ja, ja, ja) oder mit provokanten Gegenthesen („Es kann ja nicht sein, dass ..."; „Glauben Sie etwa, dass ..."). Zwei beliebte Themenfelder aus dem Feld der Plausibilitätsargumentation sind „Theorie und Praxis" und „Beispiele und Vergleiche": „In der Theorie mag es vielleicht stimmen, dass die Tiefenschärfe beliebig ausgeweitet werden kann, die Praxis zeigt jedoch, dass das nur funktioniert, wenn ..." Oder auch umgekehrt: „In diesem Fall gibt die Praxis Ihnen Recht, aber generell gilt ..."

Suggestionen und persönliche Erfahrungen sind schwer zu widerlegen. Die Allgemeinheit der Aussage verleitet zur schnellen Zustimmung. Plausibilitätsargumentationen bewegen die Argumentierenden häufig schnell bis an die Grenze eines Denkverbots (Kap. 7).

▶   **Tipp** Prüfen Sie Pauschalaussagen auf faktische Grundlagen. Wechseln Sie als Sender, wenn möglich, in die faktische Argumentation. Hinterfragen Sie als

Empfänger einer Plausibilitätsargumentation, ob die Verallgemeinerung zulässig ist. Bei Beispielen hilft oft, nach einem zweiten Beispiel zu fragen. Prüfen Sie bei Vergleichen, ob die Vergleichspunkte wirklich zueinander passen, denn: Nicht alles, was hinkt, ist ein Vergleich.

Moralische Argumentation

In der moralischen Argumentation wird die Behauptung auf höhere Werte (Gerechtigkeit, Anstand, Fairness, Vertrauen ...) oder den hohen Status, die Autorität einer Person oder Organisation gestützt. Der Mitarbeitende, der eine Lichtfeldkamera anschaffen möchte, könnte beispielweise argumentieren: „Der Fachverband empfiehlt auch die Arbeit mit der Lichtfeldtechnik." ODER: „Die Anschaffung der Kamera sorgt für einen Ausgleich zwischen den Abteilungen Dokumentation und Service. Die Arbeit lässt sich gerechter verteilen." Ausgleich und Gerechtigkeit sind Werte, die schließlich alle teilen. Mit dem Argument wird auf gesellschaftlich akzeptierte Werte gezielt. Wer die teilt, muss auch das (moralische) Argument teilen. Andernfalls gerät derjenige, der widerspricht, leicht in eine Außenseiterposition, und wer nimmt das schon gerne auf sich?

▶ **Tipp** Klären Sie als Sender, welchen gesellschaftlich akzeptierten Wert Sie ansprechen wollen und können. Klären Sie als Empfänger, welche Haltung zu dem angesprochenen Wert Sie einnehmen. Falls Experten für den Wert einstehen, prüfen Sie den Sachbezug der Experten.

Stimmen die Werte der Beteiligten nicht überein, ist eine kooperative Argumentation erschwert. Den jeweiligen Argumenten wird nicht genügend Gewicht zuerkannt, sie werden nicht überzeugend wirken. Allenfalls ist eine Metadiskussion über die Werte geboten. Vielleicht hilft auch eine über die Ziele? Die Wertabhängigkeit von Experten herauszuarbeiten, beschneidet deren Autorität. Und das soll ja auch genau der Effekt sein.

Emotionale Argumentation

In der emotionalen Argumentation schließlich wird die Aussage auf Gefühle und Stimmungen gestützt, wie beispielsweise Furcht, Freude, Ekel, ... Der Mitarbeitende, der die Lichtfeldkamera anschaffen möchte, könnte beispielsweise argumentieren: Die Umsetzung der Lichtfeldtechnik in dieser Kamera ist absolut cool, da macht das Fotografieren und Bearbeiten gleich viel mehr Spaß. Gefühle werden auch durch Blicke in die Zukunft, durch Prognosen angesprochen (Pawlowski 2005, S. 249): Mit der Lichtfeldkamera werden wir die Aufmerksamkeit der anderen Abteilungen erregen. Oder als Gegenargument verwendet: Die Externen werden sauer sein und uns nur an anderer Stelle mehr Geld abknöpfen. Emotionen sind beim Argumentieren sehr wirksam, eben gerade „weil sie die Gefühle unserer Partner berühren: bei einer positiven Prognose ihre Hoffnungen und Wünsche, bei einer negativen ihre Ängste" (Pawlowksi 2005, S. 249). Eben deshalb ist Vorsicht geboten.

▶　**Tipp**　Im Umgang mit emotionalen Argumenten ist Vorsicht geboten.
Wenn Sie ein Vorhaben verhindern wollen, sprechen Sie negative Gefühlszustände an. Negative Gefühlszustände anzusprechen führt beim Gegenüber
leicht zu einer Irritation und die löst in der Regel Widerstand aus. Mit diesem
Muster wird oft in Gesprächen gearbeitet, in denen auf die Angst der Menschen
– etwa vor der Zukunft, vor sozialem Abstieg, vor nicht absehbaren Auswirkungen der Digitalisierung auf Arbeits- und Privatwelt – gezielt wird.
Wenn Sie ein Vorhaben unterstützen wollen, sprechen Sie mit Ihren Argumenten positive Gefühlszustände an.

Um bei einem Anliegen über die richtigen Argumente zu entscheiden, ist eine breite
Sammlung von Argumenten aus den verschiedenen Argumentationsfiguren zweckmäßig.
Das Finden der Argumente braucht etwas Übung.

Frage: Argumente sammeln

Wählen Sie eine der folgenden Aussagen:

- Es ist wichtiger, den Energieverbrauch zu senken, als Energie aus erneuerbaren
  Quellen zu produzieren.
- Die Software, mit der die Einhaltung von Grenzwerten bei Automobilen geprüft
  wird, gehört selber auf den Prüfstand.
- Formulieren Sie ein eigenes Statement zu einem Thema, das Sie interessiert.

Finden Sie für jede der vier Argumentationsfiguren Pro- und Kontra-Argumente.
Vermeiden Sie, die Argumente erst auszudenken und im Nachhinein zu fragen, zu welcher Argumentationsfigur das Argument passen könnte.

Mögliches Pro-Argument	Argumentationsfigur	
	Faktische Argumentation – nachprüfbare Fakten (Daten)	Nachprüfbar
	Faktische Argumentation – Abmachungen, Protokolle	
	Plausibilitätsargumentation – gemeinsame Erfahrungen, verallgemeinerte Erfahrungen	
	Plausibilitätsargumentation – Prognosen	
	Plausibilitätsargumentation – Beispiel und Vergleich	
	Emotionale Argumentation – Persönliche Empfindungen	
	Moralische Argumentation – Autorität und Status von Experten	
	Moralische Argumentation – Normen und Wertvorstellungen	Weniger nachprüfbar

Mögliches Kontra-Argument	Argumentationsfigur	
	Faktische Argumentation – nachprüfbare Fakten (Daten)	Nachprüfbar
	Faktische Argumentation – Abmachungen, Protokolle	
	Plausibilitätsargumentation – gemeinsame Erfahrungen, verallgemeinerte Erfahrungen	
	Plausibilitätsargumentation – Prognosen	
	Plausibilitätsargumentation – Beispiel und Vergleich	
	Emotionale Argumentation – Persönliche Empfindungen	
	Moralische Argumentation – Autorität und Status von Experten	
	Moralische Argumentation – Normen und Wertvorstellungen	Weniger nachprüfbar

5.2.2   Elemente einer Argumentation

Was man im alltäglichen Sprachgebrauch als Argument bezeichnet, ist genau genommen die Begründung für eine Behauptung und damit eins von mehreren Elementen, in die sich eine Argumentation zerlegen lässt (vgl. Herrmann et al. 2011, Toulmin und Berk 1996, Toulmin 2007).

Aus einer normalen Aussage wird dann ein Argumentationsfall, wenn die Aussage strittig ist. Eine (vollständige) Argumentation besteht aus vier Elementen:

(1)   aus einer potentiell strittigen Aussage – der Behauptung (auch Streitpunkt genannt).
      Zum Beispiel: Es lohnt sich, eine Lichtfeldkamera anzuschaffen.
(2)   aus dem Argument – der Begründung, mit der die Behauptung gestützt wird.
      Zum Beispiel: Eine Lichtfeldkamera macht sehr präzise Bilder.
(3)   aus der Schlussfolgerung, die aus dem Argument gezogen wird.
      Zum Beispiel: Es lohnt sich, eine Lichtfeldkamera anzuschaffen.
(4)   und aus der Schlussregel. Die Schlussregel macht den Zusammenhang zwischen Behauptung und Begründung oder zwischen Begründung und Schlussfolgerung plausibel. Die Schlussregel funktioniert in einer Argumentation dann, wenn sie von den Beteiligten allseits akzeptiert wird („Das akzeptieren beide").
      Zum Beispiel: Die Präzision der Bilder ist wichtig für die Qualität unserer Arbeit.

Die Elemente einer Argumentation sind in Abb. 5.3 festgehalten.

Wenn das Argument (die Begründung) stichhaltig ist, stimmen (1) und (3) inhaltlich überein. Behauptung oder Schlussfolgerung zeigen lediglich unterschiedliche Richtungen der Argumentation an:

Abb. 5.3 Elemente einer Argumentation

a. Es lohnt sich, eine Lichtfeldkamera anzuschaffen, WEIL sie sehr präzise Bilder macht.
b. Eine Lichtfeldkamera macht sehr präzise Bilder, DESHALB lohnt es sich, eine Lichtfeldkamera anzuschaffen.

Die Richtungen der Argumentation werden weiter unten näher erläutert, vgl. Abschn. 5.2.3.

Im Fallbeispiel „Eine Terminverschiebung durchdrücken" startet der Abteilungsleiter mit der folgenden Behauptung in das Telefongespräch: „Ihr könnt nicht einfach über unseren Kopf hinweg neue IT-Lösungen einführen." Eine Begründung für die Behauptung liefert er erst später in dem Gespräch: „Die Abteilungsleiter haben nicht über die Einführung entschieden." Das heißt die Abteilungsleiter sind die Entscheidungsberechtigten. Warum er das als geeignete Begründung ansieht, formuliert er nur indirekt: „Mir ist nicht bekannt, dass das Gremium überhaupt entscheidungsberechtigt ist." Aus Sicht des Abteilungsleiters ist das die Schlussregel, die den Zusammenhang zwischen Behauptung und Begründung stützt. Die Akzeptanz für seine Begründung hängt davon ab, ob das Gegenüber diese Schlussregel akzeptiert. Der Verlauf des Gesprächs macht sichtbar, dass der IT-Mitarbeiter genau diese Schlussregel nicht akzeptiert und daher auch eine ganz andere Schlussfolgerung zieht. Diese Zusammenhänge sind in Abb. 5.4 veranschaulicht.

Abb. 5.4 Folgen einer abgelehnten Schlussregel

Wie das Gesprächsbeispiel auch zeigt, werden in einem Gespräch jeweils durchaus nicht alle Elemente einer Argumentation ausformuliert. Von den vorliegenden Argumenten kann ggf. auch auf das geschlossen werden, was strittig ist. Die lange Liste von Argumenten, die der IT-Mitarbeiter zur guten Funktionalität der neuen Lösung anführt, reagiert auf noch gar nicht benannte, möglicherweise aber strittige Punkte bei der Einführung der neuen Lösung. Besonders die Schlussregel bleibt im ersten Anlauf einer Argumentation sehr oft unausgesprochen. Im Streitfall jedenfalls müssen die explizit formulierten UND die implizit vorhandenen Elemente begründet werden können.

Frage: Argumentation vollständig ausformulieren

Sie sind Mitglied in einem Entwicklerteam. In der nächsten Teamsitzung soll über die bislang favorisierte Materialauswahl diskutiert werden. Sie sind der Meinung, dass

- ein anderes Material ausgewählt werden muss. Sie haben Zweifel an der Wetterbeständigkeit des bislang favorisierten Materials.
- die Materialauswahl angemessen ist. Sie passt zu den Anforderungen aus dem Entwicklungsauftrag.

Formulieren Sie für beide Standpunkte je zwei einzelne Argumentationen, die Sie in der Diskussion in der nächsten Teamsitzung nutzen möchten. Formulieren Sie alle Elemente der jeweiligen Argumentation vollständig aus.

5.2.3 Behauptungen stützen, überprüfen oder angreifen

Was kann denn überhaupt zum Streitfall – und damit begründungspflichtig werden? „Begründet werden kann" (Pawlowski 2005, S. 237):

- die Richtigkeit („Wahrheit") einer Behauptung: Die Cloud-Lösung deckt die Bedürfnisse der Abteilungen ab. Oder: Die Cloud-Lösung ermöglicht ein zentrales Update der Software.
- die Berechtigung oder Angemessenheit einer Aufforderung: Implementiert die Lösung auf Anfang des kommenden Monats!
- die Notwendigkeit oder Angemessenheit einer Handlung: Wir haben die Einführung abgelehnt, weil ...

Es gibt unterschiedliche Möglichkeiten, Behauptungen, Aufforderungen oder Handlungen zu stützen. Es kann in unterschiedliche Richtungen argumentiert werden, entweder als Verbindung zwischen Behauptung und Argument (weil) oder als Verbindung zwischen Argument und Schlussfolgerung (deshalb). Die beiden Argumentationsrichtungen seien nochmals am Beispiel „Favorisierte Materialauswahl" veranschaulicht:

Beispiel: Kontra-Standpunkt
Richtung 1: Wir müssen ein anderes Material auswählen, **weil** die Marktrückmeldungen unserer Verkäufer zeigen, dass sich bereits nach zwei Jahren Probleme zeigen.

ODER

Richtung 2: Die Marktrückmeldungen unserer Verkäufer zeigen, dass sich bereits nach zwei Jahren Probleme zeigen, **daher** müssen wir ein anderes Material auswählen.

Beispiel: Pro-Standpunkt
Richtung 1: Die Materialauswahl ist angemessen, **weil** wir mit dem Material eine innovative Lösung umsetzen werden.

ODER

Richtung 2: Mit der Materialauswahl werden wir eine innovative Lösung umsetzen, **daher** ist die Materialauswahl angemessen.

Je nach Richtung wird eine andere logische Verknüpfung benutzt (Pawlowski 2005, S. 237 f.). Bei Richtung 1, der Verknüpfung zwischen Behauptung und Begründung das „weil", bei Richtung 2, der Verknüpfung zwischen Begründung und Schlussfolgerung das „daher". Mit dem „weil" wird in diesem Beispiel deduktiv argumentiert, also vom Allgemeinen auf das Besondere geschlossen. Mit dem „daher" wird in diesem Beispiel induktiv argumentiert, also vom Besonderen auf das Allgemeine geschlossen.

Beim Lesen der deduktiven Richtung in der Argumentation fällt auf, dass sich eher Zweifel am Zusammenhang entwickeln.

Beispiel

Sender: „Wir müssen ein anderes Material auswählen, weil die Marktrückmeldungen der Verkäufer . . . "

Empfänger: „. . . stopp – seit wann werden die derartig wichtig genommen, wir setzen das Material doch auch ganz anders ein, soll das neue Produkt denn überhaupt eine längere Lebensdauer haben?"

Die Zweifel melden sich insbesondere dann, wenn die Gesprächspartner die vorgetragene Behauptung ablehnen.

Die induktive Richtung der Argumentation geht von Beobachtungen oder Zielvorstellungen aus. Die Reaktion auf die induktive Richtung der Argumentation ist daher offener.

Beispiel

Sender: „Die Marktrückmeldungen zeigen, dass sich bereits nach zwei Jahren Probleme zeigen . . . "

Empfänger; „. . . stopp, was können wir denn da machen . . . "

Die Schlussfolgerung wird bereits gedanklich vorbereitet.

Pawlowski (2005, S. 239) weist darauf hin, dass in der Alltagsargumentation – und das ist auch in der mündlichen fachlichen Argumentation der Fall – häufig deduktiv argumentiert wird. Mit Folgen für die Durchsetzungskraft der Argumente, insbesondere wenn Widerstand zu erwarten ist.

▶ **Tipp** Wenn Widerstand zu erwarten ist, ist es oft günstiger – so Pawlowski –, induktiv zu argumentieren und d. h. mit der Begründung für eine Behauptung, Handlung oder Aufforderung zu starten und erst dann die verallgemeinernde Schlussfolgerung zu ziehen.

Unabhängig davon, ob nun deduktiv (im obigen Beispiel mit „weil") oder induktiv (im obigen Beispiel mit „deshalb") argumentiert wird, wichtig ist, zu erkennen, welche

Elemente einer Argumentation nicht ausdrücklich (explizit) formuliert wurden sondern nur (implizit) mitschwingen.

Die deduktive Richtung lässt leicht die Schlussfolgerung implizit bleiben, die induktive Richtung den Streitpunkt. Bei beiden Argumentationsrichtungen bleibt die Schlussregel meist implizit. In der obigen Erläuterung der induktiven oder deduktiven Richtung der Argumentation ist sie jeweils weggelassen – ohne dass die Argumentation als unvollständig wahrgenommen würde.

▶   **Tipp** Wer die Implikationen in einer Argumentation erkennt, hat deutlich mehr Anknüpfungspunkte als diejenigen, die sich auf die explizit formulierten Aussagen beschränken (Herrmann et al. 2011, S. 41).

Behauptung, Begründung, Schlussfolgerung und Schlussregel werden auf verschiedene Weise geprüft und angegriffen. Die Darstellung folgt dem klassischen Philologen und Rhetoriktrainer Herrmann et al. (2011, S. 43 f.).

Um eine Behauptung zu prüfen, lassen sich zusätzliche Begründungen einfordern: „Wetterbeständigkeit ist deine einzige Begründung für die Ablehnung des Materials? Kannst du noch weitere nennen?" Um eine Behauptung anzugreifen, lässt sich die Verbindung zwischen Behauptung und Begründung anzweifeln: „Aufgrund der Oberflächenbeschaffenheit ist das Material doch geradezu hervorragend wetterbeständig."

Um eine Begründung zu prüfen oder anzugreifen, lässt sich die Qualität der Begründung anzweifeln: „Worauf stützt du denn deine Überlegung, dass das Material den Anforderungen nicht gewachsen ist?" Oder: „Inwiefern ist denn das bislang favorisierte Material nicht wetterbeständig genug?" Die Begründung lässt sich aber auch angreifen, indem die Verknüpfung zwischen Begründung und Behauptung angezweifelt wird: „Weshalb du wegen der Wetterbeständigkeit das bislang favorisierte Material in Frage stellst, leuchtet mir nicht ein."

Um eine Schlussfolgerung prüfen und anzugreifen, lässt sich die Verknüpfung zwischen Begründung und Schlussfolgerung angreifen, beispielweise so: „Es lassen sich doch auch ganz andere Schlussfolgerungen ziehen ...," oder so: „Wir müssen weitere Kriterien als die Wetterbeständigkeit einbeziehen ...," oder so: „Wir müssen auf eine Änderung der Anforderungen dringen."

Die Schlussregel wird angegriffen, indem ihre Gültigkeit bestritten wird: „Der Innovationsgrad ist doch nicht der einzige Erfolgsfaktor."

Je klarer man beim Argumentieren die fehlenden Elemente erkennt und je vielfältigere Einwände man formulieren kann, umso mehr Spielraum gewinnt man. Fehlende Elemente und Einwände formulieren ist daher eine wichtige Fähigkeit, die geübt werden muss. Wie sie sich üben lässt, sei an folgendem Beispiel gezeigt, das aus dem eingangs dargestellten Gespräch „Eine Terminverschiebung durchdrücken" abgeleitet ist:

Beispiel

Fehlende Elemente und Einwände formulieren Lösungsvorschlag

Begründung: Die Bedürfnisse der Fachabteilung von Christian wurden nicht beachtet, …	DESHALB	Schlussfolgerung: … kann die neue Lösung (noch) nicht eingeführt werden.

Die Behauptung lautet:

Die Schlussregel lautet:

Einwand gegen die Begründung:

Einwand gegen die Schlussfolgerung:

Einwand gegen die Schlussregel:

Begründung: Die Bedürfnisse der Fachabteilung von Christian wurden nicht beachtet, …	DESHALB	Schlussfolgerung: … kann die neue Lösung (noch) nicht eingeführt werden.

Die Behauptung lautet: Die neue Lösung kann (noch) nicht eingeführt werden.

Die Schlussregel lautet: Wenn die Bedürfnisse einer Abteilung nicht beachtet sind, darf die Lösung nicht eingeführt werden.

Einwand gegen die Begründung: Die Bedürfnisse wurden über den Vertreter im Koordinationsgremium beachtet.

Einwand gegen die Schlussfolgerung: Es ließen sich ganz andere Schlussfolgerungen ziehen, zum Beispiel, dass die Fachabteilung ihren Vertreter im Koordinationsgremium künftig ernster nehmen muss.

Einwand gegen die Schlussregel: Es können nicht alle Einzelbedürfnisse beachtet werden. Es reicht, wenn die wichtigsten Bedürfnisse beachtet werden.

Frage: Fehlende Elemente und Einwände formulieren

Formulieren Sie in den folgenden Argumentationen fehlende (= implizite) Elemente und Einwände zu einzelnen Elementen der Argumentation (Abschn. 5.2.3):

(1)

Begründung: Ihr habt die Lauffähigkeit der Schulungssoftware nicht geprüft, …	DESHALB	Schlussfolgerung: … kann die neue Lösung (noch) nicht eingeführt werden.

Die Behauptung lautet:

Die Schlussregel lautet:

Einwand gegen die Begründung:

Einwand gegen die Schlussfolgerung:

Einwand gegen die Schlussregel:

(2)

Behauptung: Die neue Lösung kann eingeführt werden, …	WEIL	Begründung: … die IT und die anderen Abteilungen parat sind.
Die Schlussregel lautet:		
Einwand gegen die Behauptung:		
Einwand gegen die Begründung:		
Einwand gegen die Schlussregel:		

5.3   Wie wird aus einem guten Argument ein wirksames Argument?

Bei schriftlichen Argumentationen, wie wir sie in Projektberichten oder Aufsätzen in Fachzeitschriften finden, werden Argumente oftmals unmittelbar als gut oder schlecht bewertet. Gute Argumente im fachlichen Kontext sind beispielsweise fachlich korrekte Argumente. Das allein reicht aber noch nicht aus. Zusätzlich muss ein Argument noch wirksam sein, d. h. vom Gegenüber akzeptiert werden.

Gerade wenn es um mündliches Argumentieren, um die Auswirkung von fachlich korrekten Argumenten in einem Entscheidungszusammenhang geht, wenn es um die Begründung für Aufforderungen oder für Handlungen geht, ist ein Argument für sich genommen weder gut noch schlecht, sondern wirksam oder weniger wirksam. Die Schlussregel hält eine Argumentation letztlich zusammen – und ist auf einer nächsten Stufe ihrerseits begründungspflichtig.

Allzu viel an Logik kann in der mündlichen Argumentation unter Umständen das genaue Gegenteil von Überzeugung, nämlich Zweifel bis zur Ablehnung hin bewirken. Man stelle sich vor, ein Diskussionsteilnehmer kommt in einer Diskussion immer wieder mit seinen sach-logischen Argumenten, etwa in der Art: „Sind das wirklich die beiden einzigen Möglichkeiten? Gibt es nicht noch andere Optionen?" Und dann: „Dieser Zusammenhang ist doch wenig plausibel. Könnte die Ursache nicht auch eine ganz andere Wirkung haben?" Und dann noch: „Sie vergleichen ein Ereignis aus der Vergangenheit mit einem eventuellen zukünftigen Ereignis. Muss das denn zwingend zum genannten Schluss führen?" Die Wirkung solcher Diskussionsbeiträge wird bei Reinhard (2016) beschrieben. Der Diskussionsteilnehmer mag auf andere leicht wie ein Besserwisser wirken, rechthaberisch und kleinkariert. Es ist aber zu beachten, dass sie mit ihren Einwänden in der Teamarbeit eine durchaus wichtige Funktion erfüllen.

Schließlich geht es beim Argumentieren im (Unternehmens-)Alltag auch darum festzustellen, was in der gegebenen Situation unter den gegebenen Rahmenbedingungen die angemessene Entscheidung, die angemessene Behauptung, das angemessene Handeln ist. Etwas zugespitzt formuliert geht es nicht allein darum, Recht zu haben, sondern Recht zu bekommen.

Und so ist es für den Erfolg von Argumentationen wichtig, die Argumente an die jeweilige Situation anzupassen:

- Wird in einer E-Mail oder in informellen Kontexten beim Kaffee oder in terminierten Gesprächen mit Vorbereitungszeit argumentiert?
- In welchen Konstellationen wird argumentiert? Welche formellen oder informellen Hierarchien bestehen? Wird in Zweier- oder Dreiergesprächen argumentiert?

Pawlowski (2005) nennt zwei wichtige Voraussetzungen, die erfüllt sein müssen, damit die Argumente situationsangepasst von guten zu wirksamen Argumenten werden können: Die richtige Welt treffen und sich in das Gegenüber hineinversetzen (vgl. Pawlowski 2005, S. 242–246).

Voraussetzung 1: Die richtige Welt treffen.
Die Argumente müssen inhaltlich mit dem Wissens- und Erfahrungsbereich des Gegenübers zusammenpassen. Das was gesagt wird, muss zum Common Ground, zum geteilten Erfahrungshintergrund der Gesprächspartner passen, vgl. Kap. 2. Zu erkennen, was zum gemeinsam geteilten Erfahrungshintergrund gehört, ist für die Wirksamkeit einer Argumentation wichtig. Und umgekehrt erweitert die Argumentation auch den gemeinsam geteilten Erfahrungshintergrund.

Im eingangs präsentierten Gespräch (Abschn. 5.1.1) zwischen dem Abteilungsleiter Christian und dem IT-Mitarbeiter Hans prallen zwei getrennt scheinende Welten aufeinander. Jetzt ist gefragt, dass die beiden ihren Common Ground finden bzw. erweitern (Kap. 2). Wenn es Christian gelingt, sich auf die Welt des Gegenübers einzulassen, schafft er die Voraussetzung dafür, seine Argumente wirksam unterzubringen. Der Einstieg in das Gespräch könnte dann so verlaufen:

Abteilungsleiter Christian	*Freundlich* Sag mal, Hans, ich habe eben gerade euren Zeitplan für die Implementierung der Cloud-Lösung erhalten. Das liest sich so, als wäre die IT parat für die Implementierung.
IT-Mitarbeiter Hans	*Überrascht* Ja klar. Aber nicht nur die IT, sonst hätten wir den Zeitplan ja gar nicht machen können.
Abteilungsleiter Christian	*Sachlich* Und nun? In meiner Abteilung sind doch noch ein paar Fragen offen, die ich gerne besprechen würde.
IT-Mitarbeiter Hans	*Zieht die Augenbrauen hoch* Naja, an sich ist alles fixiert, worum geht es denn?

Der Abteilungsleiter knüpft mit seiner Einleitung in die Argumentation an den Wissensbereich des IT-Mitarbeiters an – und schafft so die Voraussetzung für eine kooperative Argumentation, mindestens einmal dafür, dass die Argumente überhaupt gegenseitig angehört werden. Auf eine Argumentationsformel gebracht: Der Zeitplan für die Einführung der Cloud-Lösung hat bei uns Fragen ausgelöst, daher müssen wir die offenen Fragen besprechen. Die Schlussregel hinter dieser Argumentation: Alle Beteiligten müssen parat sein, sonst klappt es mit der Umsetzung nicht. Innerhalb der eigenen Abteilung müsste der Abteilungsleiter bei seiner Argumentation zumindest einen anderen Akzent setzen: Der Zeitplan für die Einführung der Cloud-Lösung kollidiert mit unseren Schulungsverpflichtungen. Deshalb muss ich mit der IT nochmals über den Zeitplan reden. Die Prämisse dahinter: Wenn die Bedürfnisse der Abteilung nicht abgedeckt sind, muss der Zeitplan verändert werden.

Voraussetzung 2: Sich in das Gegenüber hineinversetzen.
Eine Argumentation kann dann wirksam werden, wenn sie die Perspektive des Gegenübers beachtet, wenn sie Denk- und Handlungsmuster des Partners berücksichtigt (Pawlowski 2005, S. 245).

Wie kommt man für seine Argumentationen an die Perspektive des Gegenübers, an die Denk- und Handlungsmuster heran? Dafür gibt es einen eher rhetorisch und einen eher psychologisch geprägten Weg.

5.3.1   Ein rhetorischer Weg zu einer wirksamen Argumentation

Der rhetorische Weg führt über die Grundmuster, aus denen sich unser Denken, Fühlen und Handeln speist (vgl. Pawlowski 1990, 2005). In der Argumentation müssen die für die Situation passenden Denk- und Handlungsmuster gefunden werden. Der Schlussregel, dass bei der Implementierung einer neuen IT-Lösung alle Beteiligten mit dem Prozess einverstanden sein müssen, kann die IT-Abteilung sich wohl anschließen. Zumal sie ja gemäß Fallbeispiel auch davon ausgeht, dass diese Situation gegeben ist. Die Schlussregel „Wenn die Bedürfnisse einer Abteilung nicht beachtet sind, muss darauf Rücksicht genommen werden", würde sie wohl eher als Anmaßung der Fachabteilungen wahrnehmen. Zumal im Fallbeispiel ja sichtbar wird, dass aus Sicht der IT die Fachabteilungen und ihre Bedürfnisse in die Planungen einbezogen wurden. Das Grundmuster hinter beiden Schlussregeln könnte der Wert „Gemeinsamkeit" sein.

Pawlowski (2005, S. 245) nennt in Anlehnung an Bornscheuer (1976) Popularität (hohe Verbreitung) und Potentialität (Verwendbarkeit für unterschiedliche Standpunkte) als zwei wichtige Bedingungen, die ein solches Grundmuster erfüllen muss. Er belegt das am Beispiel des Grundmusters „Sicherheit". Es ist populär, d. h. es wird in vielen verschiedenen Kontexten verwendet, in der Diskussion um Atomkraft oder Terrorismusgefahr ebenso wie in der Werbung für Autos, Versicherungen oder Software. Und es hat Potential, was bedeutet, dass es sich sowohl für als auch gegen einen Standpunkt als Grundmuster heranziehen lässt. Das Grundmuster „Gemeinsamkeit" und die verschiedenen Auslegungen in der Argumentation zwischen IT- und Fachabteilung veranschaulichen gut die zweite Bedingung, die Potentialität. Das Grundmuster Gemeinsamkeit lässt sich sowohl für als auch gegen einen bestimmten Standpunkt heranziehen.

Denn für das Grundmuster Gemeinsamkeit ließen sich zu unserem Fallbeispiel folgende Argumentationen formulieren:

Die IT und die anderen Abteilungen sind parat,	DESHALB	wird die neue Lösung eingeführt.
Nur wenn alle parat sind, lässt sich eine Lösung mit Erfolg umsetzen.		
	Grundmuster: Gemeinsamkeit	

Die Bedürfnisse der Fachabteilung von Christian wurden nicht beachtet,	DESHALB	kann die neue Lösung (noch) nicht eingeführt werden.
Wenn die Bedürfnisse einer Abteilung missachtet werden, darf die Lösung nicht eingeführt werden.		
	Grundmuster: Gemeinsamkeit	

Das Grundmuster erfüllt also die Bedingung der Potentialität. Es kann für ODER gegen eine Behauptung wirken. Die Popularität des Grundmusters in den unterschiedlichsten Kontexten, sei es nun in Religion, Politik, Schule, beim Einwerben von Sponsorengeldern oder in der Werbung veranschaulicht eine Google-Suche auf einen Click.

Das folgende Beispiel ist auf das Grundmuster „Nachhaltigkeit" bezogen:

Die Lebensweise des modernen Menschen zerstört die Artenvielfalt und damit die Lebensgrundlage des Menschen.	DESHALB	Mit oberster Priorität und mit großen personellen und sachlichen Ressourcen müssen Naturschutzgebiete erhalten werden.
Nur die Bewahrung der Natur erhält die Biodiversität.		
	Grundmuster: Nachhaltigkeit	

Die Lebensweise des modernen Menschen zerstört die Artenvielfalt und damit die Lebensgrundlage des Menschen.	DESHALB	In die Natur muss durch Menschenhand gestaltend eingegriffen werden.
Nur die aktive Gestaltung der Natur erhält die Biodiversität.		
	Grundmuster: Nachhaltigkeit	

▶ **Tipp** Bringen Sie die Grundmuster und die Einstellungen Ihres Gegenübers in Erfahrung. Dann können Sie Argumentationen entwickeln, die an die Welt des Gegenübers anknüpfen und seine Perspektive beachten. Denn aus den eigenen Grundmustern leitet Ihr Gegenüber die Grundsätze für sein Handeln ab. Die Grundmuster sind zudem mit Meinungen und Gefühlen verbunden, die die Einstellungen des Gegenübers prägen.

Wesentliche Grundmuster, wie sie sich aus medien-öffentlichen Argumentationen erschließen lassen, sind im deutschsprachigen Raum etwa Sicherheit, Gemeinsamkeit,

Gleichheit, Gerechtigkeit, Freiheit, Verlässlichkeit, Engagement. Für welche sozialen und kulturellen Gruppen innerhalb einer Gesellschaft sie dann wirklich gelten oder ob sie über alle gesellschaftlichen Gruppierungen hinweg akzeptiert sind, ist eine offene Frage.

Ein Blick in die verschiedenen Diskussionszusammenhänge in der Unternehmenswelt und technischen Welt lässt zum Beispiel die folgenden Grundmuster erkennen:

- Schnelligkeit
- Effizienz
- Sicherheit
- Einfachheit
- Lösbarkeit
- Geringe Kosten

Diese Grundmuster prägen „im Hintergrund" die fachlichen Argumentationen am Arbeitsplatz und bestimmen die Wirksamkeit von Argumenten mit.

Reflexion: Grundmuster im Alltag

Denken Sie an Diskussionen am Arbeitsplatz zurück. Welche sozialen Werte und Normen, welche denkbaren Grundmuster sind Ihrer Beobachtung nach in den Diskussionen besonders häufig sichtbar geworden. Welche teilen Sie, welche irritieren Sie – und warum?

5.3.2 Ein psychologischer Weg zu einer wirksamen Argumentation

Im eingangs geschilderten Fallbeispiel handelt der Abteilungsleiter kommunikativ nicht sehr geschickt. Er leitet das Gespräch mit Vorwürfen und Unterstellungen ein: Was soll das denn ..., über unseren Kopf ..., mal eben so .... Einerseits: Kein Wunder, dass der Gesprächspartner zu einem längeren Redebeitrag anhebt. Andererseits: Er hat eine Menge Argumente parat, weshalb die Vorwürfe und Unterstellungen aus seiner Sicht nicht berechtigt sind. Und die zählt er auch (gnadenlos) alle auf.

Der Abteilungsleiter verstärkt nun seine Abwehrhaltung. Er greift die Schlussregel hinter diesen vielen Einzelargumenten an: Er bestreitet, dass das Koordinationsgremium überhaupt entscheidungsberechtigt ist, und leitet daraus rundheraus seine Schlussfolgerung, sein NEIN ab: „Sicher sind wir aber, dass sie (die Umstellung) zu dem von euch festgesetzten Zeitpunkt unmöglich ist."

Der IT-Mitarbeiter versucht es – da das NEIN einmal ausgesprochen ist – wirkungslos mit einer neuen Sammlung von Einzelargumenten, mit denen er gegen das NEIN kämpft. Er will beweisen, dass die Abteilungen einbezogen wurden und das Ergebnis die Einführung der Lösung rechtfertigt.

Der Abteilungsleiter holt danach zum Gegenschlag aus – und präsentiert die Bedürfnisse seiner Abteilung: Schulungssoftware und Verbindung zwischen Schulungsterminen und der Umstellung. Auf diese Art hört der IT-Mitarbeiter nur noch den „Sonderzug" der Abteilung heraus.

Allenfalls durchaus plausible Begründungen werden von beiden Seiten entweder grundsätzlich bestritten oder mit der moralischen Keule abgewertet. Und so können sie sich gegenseitig nicht überzeugen, die Tür bleibt verschlossen. Wie ließe sie sich öffnen? Mit einem Blick auf die psychologische Seite der Argumentation.

Weisbach und Sonne-Neubacher (2015, Kapitel 16) knüpfen an Pawlowskis Überlegungen an (Pawlowski 2005) und schlagen einen Dreischritt aus Bestätigung, Frage und Begründung vor Abb. 5.5: „(1) Die Bestätigung holt den Gesprächspartner dort ab, wo er gerade steht. (2) Die Frage führt ihn in die gewünschte Richtung. (3) Die Begründung gibt ihm die nötige Sicherheit."

Und so könnte das Gespräch gemäß dem Dreischritt (Weisbach und Sonne-Neubacher 2015) im Kern ablaufen:

Kern des Dreischritts ist, sich überhaupt auf das Gegenüber einzulassen und nicht einfach die eigenen Vorstellungen auf die Schnelle durchzubringen. Das motiviert das Gegenüber zumindest, sich mit den vorgebrachten Argumenten auseinanderzusetzen. Wenn dann noch die eigenen Überlegungen in Argumente umgesetzt werden, die vom Gegenüber verstanden werden, ist schon viel erreicht. Dafür muss der Abteilungsleiter dem IT-Mitarbeiter den Nutzen aufzeigen, die die sorgfältige Vorbereitung der Implementierung auch für die IT hat. In diesem Kontext kann er dann seine Argumente (Schulungssoftware und Zeitpunkt der Umstellung) mit Aussicht auf Erfolg einbringen. Der Dreischritt zeigt ein Muster, wie eine Überzeugungsrede aussehen könnte, die auch die psychologische Seite der Argumentation beachtet.

Abb. 5.5 Argumentieren im Dreischritt

Abteilungslei- ter Christian	*Sachlich* Ihr legt doch Wert auf eine reibungslose Einführung der Cloud-Lösung?
IT-Mitarbei- ter Hans	*Leicht irritiert* Ja natürlich, deswegen haben wir ja die Lösung mit einer Abteilung getestet. Wir wollen ja schließlich nicht die ganze Zeit an der Hotline sitzen und mit Notfall-übungen beschäftigt sein. Das macht zu viel Ärger und kostet zu viel Zeit.
Abteilungslei- ter Christian	*Freundlich* Inwieweit wäre es für euch hilfreich, wenn ihr Hotline-Zeit und Notfallübungen reduzieren könntet?
IT-Mitarbei- ter Hans	*Schüttelt den Kopf* Du stellst vielleicht Fragen!!!
Abteilungslei- ter Christian	*Erklärend* Naja, ich vermute, dass ein großer Teil der Probleme sich im Vorhinein erkennen ließe.
IT-Mitarbei- ter Hans	*Aufmerksam* Klingt erstmal nach Mehrarbeit, würde uns aber vermutlich am Ende eine Menge Zeit und Ärger ersparen. Also, was schlägst du vor?

Frage: Dreischritt formulieren

Sie arbeiten täglich mit Simulationsprogrammen. Sie haben festgestellt, dass ein zweiter Bildschirm Ihnen die Arbeit wesentlich erleichtern könnte und beschließen, die Teamleitung darauf anzusprechen.

Sie rechnen mit Widerstand, denn die findet sehr schnell, dass mehr „technischer Schnickschnack" als nötig angeschafft wird. Ihnen ist darüber hinaus klar, dass ein zweiter Bildschirm nicht für alle Teammitglieder oder gar für alle Abteilungen im Unternehmen finanzierbar wäre. Allerdings haben Sie durch Ihre gute Arbeit im letzten Projekt doch einen großen Anteil daran, dass das Projekt mit einem finanziellen Plus abgeschlossen werden konnte.

Formulieren Sie einen Dreischritt aus Bestätigung, Frage und Begründung, mit dem Sie Ihrem Ziel bei der Teamleitung näher kommen können. Passen Sie das Formulierungsgrundmuster an Ihre Sprache an.

Manches Argumentationsziel lässt sich nicht in einem Argumentationsgang erreichen. Zum Ziel kann auch führen, dem anderen Zeit zu geben, die Argumente wirken zu lassen. Argumente werden nicht immer gleich im ersten Anlauf wirksam, sondern es können mehrere Anläufe nötig sein, bis es mit dem Überzeugen klappt.

▶   **Tipp**   Bleiben Sie dran. Wirksame Argumente brauchen manchmal einen langen Atem.

Wie bei der autoritären Gesprächsführung (Kap. 1, 3) ist auch beim Argumentieren auf lange Sicht gesehen der Schnellere nicht immer der Geschwindere.

Wirksames Argumentieren – Schritte zur Vorbereitung

Wirksames Argumentieren braucht Übung. Um über das alleinige – und manchmal frustrierende – Erfahrungslernen herauszukommen, ist bewusste Vorbereitung auf wichtige Argumentationssituationen nützlich, etwa anhand der folgenden Schritte (inspiriert von Kellner 2000, Kapitel 5; Thiele 2015, Kapitel 7; Pawlowski 2005, Kapitel 13.1 und Pawlowski und Andres-Steinke 2015, Kapitel 1):

- Sie legen Kernbotschaft und Ziel fest:
  - Wovon wollen Sie die andere Person überzeugen?
  - Was soll das Ergebnis sein? Was soll sich im Denken oder Handeln des anderen ändern?
  - Formulieren Sie das Ziel.
- Sie sichern Ihre Argumente inhaltlich ab.
  - Welche Fakten wollen Sie vorbringen?
  - Welche Erfahrungen, Statistiken, Prognosen können Sie heranziehen?
  - Welche Beispiele und Vergleiche aus der Erfahrungswelt des Gegenübers können Sie verwenden?
  - Auf welche Grundmuster und Einstellungen beim Gegenüber können Sie sich beziehen?
  - Welche Grundmuster sprechen Sie an? S. Abschn. 5.3.1
- Sie nehmen die Perspektive Ihres Gegenübers ein.
  - Was ist die Meinung oder das Ziel der anderen Person?
  - Was könnte den anderen hindern, sich Ihrer Meinung/Ihrem Ziel anzuschließen?
  - Was könnte den anderen hindern, mit Ihnen zum angestrebten Ziel zu kommen?
  - Was könnte den anderen überzeugen?
  - Was könnte den andern – auch ohne Überzeugung – dazu bringen, in Ihrem Sinne zu handeln?
- Sie bereiten mögliche Formen und Strukturen vor.
  - Welche drei Argumente passen am besten zum Ziel?
  - Welches ist das zweitbeste Argument? Es gehört an die erste Stelle.
  - Welches ist das beste Argument? Es gehört an den Schluss.
  - Welche Argumente könnten Sie bei Bedarf nachlegen, welche sind nur für den Notfall?
  - Ist die Formulierung an das Sprachniveau des Gegenübers angepasst?
- Sie wenden ein einfaches Planungsmodell an.
  - Stellen Sie in der Vorbereitung das Ziel an den Anfang.
  - Formulieren Sie dann einen Dreischritt: 1 – Warum spreche ich? 2 – Was meine ich und wie begründe ich das? 3 – Was will ich?

- Wie wollen Sie Ihre Argumente in Schritt 2 verknüpfen?
  - Durch Begründung oder Schlussfolgerung (weil, deshalb),
  - aufzählend (1., 2., 3.),
  - chronologisch (zunächst, dann, danach),
  - unter bzw. überordnend (darüber hinaus, vor allem, aber),
  - als Entgegensetzung (dagegen, aber).

5.4 Lösungsvorschläge zu den Fragen

Argumente sammeln

Die Lösungsvorschläge sind in Anlehnung an eine Idee von Pawlowski und Andres-Steinke (2015), S. 35 nach ihrer Überprüfbarkeit sortiert.

Mögliches Pro-Argument	Argumentationsfigur	
Die in den Untersuchungen durchgeführten Messungen belegen, dass zu günstige Messwerte ausgewiesen wurden. Daher muss die Software überprüft werden.	Faktische Argumentation – nachprüfbare Fakten (Daten)	Überprüfbar
In den gesetzlichen Bestimmungen ist ein fester Grenzwert fixiert. Da die Software zu günstige Messwerte ausweist, gehört sie selber auf den Prüfstand.	Faktische Argumentation – Abmachungen, Protokolle	
Jeder hat schon die Erfahrung gemacht, dass Messungen zu günstige Werte ausweisen (können). Daher gehört die Software auf den Prüfstand.	Plausibilitätsargumentation – gemeinsame Erfahrungen, verallgemeinerte Erfahrungen	
Wenn die Skandale so weitergehen, muss sich die Automobilindustrie warm anziehen.	Plausibilitätsargumentation – Prognosen	
Die Vorgänge in der Automobilindustrie belegen eindrücklich, dass die Software auf den Prüfstand gehört.	Plausibilitätsargumentation – Beispiel und Vergleich	
Ich habe Angst, weiter Fahrrad zu fahren. Bei dem Schadstoffausstoß kann ich mir ja meines Lebens nicht mehr sicher sein. Daher muss die Software unbedingt verbessert werden.	Emotionale Argumentation – Persönliche Empfindungen	
Die Software gehört selber auf den Prüfstand. Dafür müssen unabhängige externe Prüfingenieure Funktionsweise und Einsatz der Software kontrollieren.	Moralische Argumentation – Autorität und Status von Experten	
In der Industrie wird gelogen, dass sich die Balken biegen. Daher müssen die Software und ihre Verwendung dringend von staatlichen Stellen kontrolliert werden.	Moralische Argumentation – Normen und Wertvorstellungen	Weniger überprüfbar

Mögliches Kontra-Argument	Argumentationsfigur	
Die Messungen belegen, dass die Software die Werte korrekt misst. Daher gehört nicht die Software auf den Prüfstand, sondern die Messbedingungen müssen klarer definiert werden.	Faktische Argumentation – nachprüfbare Fakten (Daten)	Überprüfbar ↑
In den Messaufträgen ist klar definiert, was zu messen ist. Es gehört daher nicht die Software auf den Prüfstand, sondern allenfalls müssen die Messaufträge angepasst werden.	Faktische Argumentation – Abmachungen, Protokolle	
Es wird doch in allen Branchen gemogelt. Anders kann man am Markt nicht bestehen.	Plausibilitätsargumentation – gemeinsame Erfahrungen, verallgemeinerte Erfahrungen	
Bald wird niemand mehr über diesen Fall sprechen. Das Gedächtnis der Öffentlichkeit ist kurz. Das haben wir schon bei vielen anderen Skandalen gesehen.	Plausibilitätsargumentation – Prognosen	
Es wird ablaufen wie bei einem bekannten Autobauer. Sind heute weniger seiner Modelle auf der Straße, weil er so viele Rückrufaktionen hatte?	Plausibilitätsargumentation – Beispiel und Vergleich	
Ich finde es schlimm, dass durch so eine Sache eine ganze Branche durch den Schmutz gezogen wird. Kein anderer Sektor sorgt für so viele Arbeitsplätze.	Emotionale Argumentation – Persönliche Empfindungen	
Die Software war von vielen Seiten geprüft worden. Die werden schon mit guten Gründen zu ihren Ergebnissen gekommen sein.	Moralische Argumentation – Autorität und Status von Experten	
Man muss einer Firma, die über Jahrzehnte für viel Wachstum gesorgt hat, auch eine zweite Chance geben.	Moralische Argumentation – Normen und Wertvorstellungen	↓ Weniger überprüfbar

Argumentation vollständig ausformulieren

Die vier Elemente sind: Behauptung (1), Begründung (2), Schlussfolgerung (3), Schlussregel (4)

- Wir müssen ein anderes Material auswählen (1), weil das von uns bislang favorisierte Material hinsichtlich der Wetterbeständigkeit den Anforderungen nicht genügt (2), daher müssen wir das bislang favorisierte Material verwerfen (3). Die Wetterbeständigkeit des Materials hat höchste Priorität (4).
- Wir müssen ein anderes Material auswählen (1) weil die Marktrückmeldungen unserer Verkäufer zeigen, dass sich bereits nach zwei Jahren Probleme zeigen (2). Daher müssen wir ein anderes Material wählen (3). Materialprobleme bereits nach zwei Jahren sind nicht akzeptabel (4).

- Die Materialauswahl ist angemessen (1), weil sie alle Muss-Kriterien des Anforderungskatalogs erfüllt (2). Daher haben wir richtig entschieden (3). Die Erfüllung aller Muss-Kriterien ist essenziell für die Entscheidung (4).
- Die Materialauswahl ist angemessen (1), weil wir mit dieser Wahl eine innovative Lösung umsetzen werden (2). Daher haben wir richtig entschieden (3). Der Innovationsgrad der Lösung ist ein essenzieller Erfolgsfaktor für unser Projekt (4).

Fehlende Elemente und Einwände formulieren

(1)

Begründung: Ihr habt die Lauffähigkeit der Schulungssoftware nicht geprüft, …	DESHALB	Schlussfolgerung: … kann die neue Lösung (noch) nicht eingeführt werden.

Die Behauptung lautet: Die neue Lösung kann (noch) nicht eingeführt werden.

Die Schlussregel lautet: Wenn nicht alle Bedürfnisse einer Abteilung beachtet sind, darf die Lösung nicht eingeführt werden.

Einwand gegen die Begründung: Die Lauffähigkeit von Schulungssoftware wurde mit der Testabteilung geprüft.

Einwand gegen die Schlussfolgerung: Es ließen sich ganz andere Schlussfolgerungen ziehen, zum Beispiel, dass die Fachabteilung von Christian sich in der Testabteilung über die Lauffähigkeit der Schulungssoftware informieren kann.

Einwand gegen die Schlussregel: Es können nicht alle Sonderfälle betrachtet werden. Es reicht, wenn die zentralen Bedürfnisse beachtet werden.

(2)

Behauptung: Die neue Lösung kann eingeführt werden, …	WEIL	Begründung: … die IT und die anderen Abteilungen parat sind.

Die Schlussregel lautet: Nur wenn alle parat sind, lässt sich eine Lösung mit Erfolg umsetzen.

Einwand gegen die Behauptung: Dass die IT und die anderen Abteilungen parat sind, ist eure einzige Begründung? Muss nicht noch die Geschäftsführung „Ja" sagen?
Oder
Einwand gegen die Behauptung: Ich zweifle daran, dass die anderen Abteilungen parat sind. Welche Abteilungen sind es genau?

Einwand gegen die Begründung: Wie habt ihr denn überprüft, ob die anderen Abteilungen parat sind?

Einwand gegen die Schlussregel: Es müssen gar nicht alle parat sein, sondern es reicht, wenn die wichtigsten Abteilungen parat sind.

Dreischritt formulieren

Mitarbeiter- der	Sie legen doch Wert darauf, dass wir mit unseren Simulationsprogrammen präzise arbeiten, aber auch so effizient wie möglich?
Teamleitung	Ja klar, das ist für die Qualität unserer Arbeit essenziell. Der Projektpartner muss sich auf unsere Ergebnisse verlassen können und auch für anschließende Projektanträge ist es wichtig, an präzise Ergebnisse anknüpfen zu können.
Mitarbeiter- der	Inwiefern wäre es für unsere Projekte nützlich, wenn wir Präzision und Effizienz noch besser zusammenbringen könnten? Eigentlich müsste es doch möglich sein, so präzise wie bisher und doch effizienter zu arbeiten, so dass wir Projekte zügiger beenden könnten. Das gäbe uns mehr Zeit, bereits die Anschlussprojekte vorzubereiten.
Teamleitung	Sie beschreiben den Idealfall. Wäre schön, wenn wir das ab und an erreichen könnten.
Mitarbeiter- der	Ich frage das, weil ich eine Möglichkeit dafür sehe ...
Teamleitung	... so? Na, da bin ich ja mal gespannt. Welche Möglichkeit sehen Sie denn?
Mitarbeiter- der	Die Effizienz lässt sich steigern, wenn ich die Daten gleichzeitig in unterschiedlichen Vergrößerungen visualisieren kann. Das geht am Bildschirm, verkleinert aber die Ausschnitte so, dass die Gefahr von Fehldeutungen steigt ...
Teamleitung	... Sie wollen also einen zweiten Bildschirm?
Mitarbeiter- der	Das wäre aus meiner Sicht tatsächlich eine gute Möglichkeit, das Ziel von gleichbleibender Präzision und größerer Effizienz zu erreichen.
Teamleitung	Das hört sich überzeugend an. Ihnen ist aber schon bewusst, dass wir damit Ungleichheiten im Team schaffen?
Mitarbeiter- der	Hm, ich war mehr mit dem Potenzial beschäftigt, und da sehe ich tatsächlich deutliche Verbesserungen.
Teamleitung	Okay. Ich werde mir Ihren Vorschlag in Ruhe durch den Kopf gehen lassen und habe wegen der zu befürchtenden Ungleichheit schon eine Idee, dazu muss ich dann noch ein paar Gespräche führen. Lassen Sie uns in der kommenden Woche nochmals über Ihre Idee reden.

Literatur

Allhoff, D.-W., & Allhoff, W. (2016). *Rhetorik & Kommunikation: Ein Lehr- und Übungsbuch, mit Arbeitsblättern und zahlreichen Abbildungen* (17. Aufl.). München, Basel: Ernst Reinhardt Verlag.

Bornscheuer, L. (1976). *Topik: Zur Struktur der gesellschaftlichen Einbildungskraft.* Frankfurt a. M.: Suhrkamp.

Herrmann, M., Hoppmann, M., Stölzgen, K., & Taraman, J. (2011). *Schlüsselkompetenz Argumentation* (2. Aufl.). UTB: Vol. 3428..

Kellner, H. (2000). *Projekte konfliktfrei führen: Wie Sie ein erfolgreiches Team aufbauen.* München: Hanser.

Pawlowski, K. (1990). Topos und Wahrnehmungssteuerung. In H. Geissner (Hrsg.), *Ermunterung zur Freiheit. Sprache und Sprechen* (S. 253–266). Frankfurt a.M.: Scriptor.

Pawlowski, K. (2005). *Konstruktiv Gespräche führen: Fähigkeiten aktivieren, Ziele verfolgen, Lösungen finden* (4. Aufl.). München: Reinhardt.

Pawlowski, K., & Andres-Steinke, G. (2015). *Du hast gut reden! Ein Spiel- und Trainingsbuch zur praktischen Rhetorik* (1. Aufl.). München: Ernst Reinhardt. mit 10 Tabellen

Reinhard, R. (2016). "Q.E.D., SIE HIRSCH": Ohne Argumente geht nichts im Geschäftsalltag. Aber Logik allein reicht nicht. Gute Argumente brauchen auch überzeugende Rhetorik. *Hohe Luft – kompakt*, (Sonderheft 1), 86–91.

Thiele, A. (2015). *Argumentieren unter Stress: Wie man unfaire Angriffe erfolgreich abwehrt* (12. Aufl.). Dtv: Vol. 34827. München: Dt. Taschenbuch-Verl.

Toulmin, S. E. (2007). *The uses of arguments (Repr)*. Cambridge: Cambridge University Press. Zuerst 1958

Toulmin, S., & Berk, U. (1996). *Der Gebrauch von Argumenten* (2. Aufl.). Neue wissenschaftliche Bibliothek. Weinheim: Beltz.

Ueding, G. (1994). *Grundriss der Rhetorik: Geschichte, Technik, Methode* (3. Aufl.). Stuttgart: Metzler.

Verhein-Jarren, A. (2016). Clever argumentieren. *technische kommunikation*, *38*(2), 13–17.

Weisbach, C.-R., & Sonne-Neubacher, P. (2015). *Professionelle Gesprächsführung: Ein praxisnahes Lese- und Übungsbuch* (9. Aufl.). Dtv: 50936 : Beck-Wirtschaftsberater im dtv. München: Dt. Taschenbuch-Verl.

So nicht! – Mit Fehlern und Kritik umgehen

6

Zusammenfassung

„Es geht um die Sache, nicht um die Person." Das ist leichter gesagt als getan. Gerade in Kritikgesprächen muss Unangenehmes ausgesprochen werden. Negative Nachrichten oder Beurteilungen haben eine emotionale Wirkung. Niemand wird gerne kritisiert. Auch den Personen, die Kritik äußern müssen, fallen solche Gespräche schwer, da sie mit Widerstand, Frustration oder Wut rechnen. Kritikgespräche benötigen ein gutes Gespür hinsichtlich Timing, Setting und Vorbereitung.

Die Konzepte der Transaktionsanalyse eignen sich besonders, die psychologische Motivation in Gesprächen zu erkennen, zu erklären und sie so zu berücksichtigen, dass Kritik als konstruktiv empfunden wird und zur gewünschten Veränderung führt.

6.1 Emotionale Reaktionen im unangenehmen Gespräch

6.1.1 Fehler werden vertuscht

Bei einem Projekt zum Ausbau einer Straße in einem Neubaugebiet kann der Abgabetermin für das Verkehrskonzept nicht eingehalten werden. Dadurch droht eine Verzögerung des Gesamtprojekts. Der leitende Bauingenieur ruft deshalb im Auftrag der Gemeinde verärgert im beauftragten Verkehrsplanungsbüro an. Er verlangt, dass Jürg Kaufmann, Geschäftsleiter und Inhaber des Planungsbüros, für den möglichen finanziellen Schaden aufkommen muss. Kaufmann ist völlig überrascht von der Nachricht. Niemand hat ihn über den Verzug informiert. Direkt nach dem Kundengespräch verlangt er eine Stellungnahme von der Projektleiterin Monika Lange und beruft ein sofortiges Krisen-Meeting mit ihr ein.

© Springer-Verlag GmbH Deutschland 2018
A. Verhein-Jarren et al., *Gesprächsführung in technischen Berufen*,
Kommunikation und Medienmanagement, https://doi.org/10.1007/978-3-662-53317-8_6

Monika Lange	Guten Morgen, Herr Kaufmann.
Jürg Kaufmann	Guten Morgen. Ich habe diese Sitzung einberufen, weil es im Projekt „Quartierentwicklung Sennenbüel" zu Verzögerungen kommt. Ich dachte, das Projekt läuft wie geschmiert?
Monika Lange	*Verunsichert.* Ja, es ist leider zu leichten Verzögerungen gekommen. Im Grossen und Ganzen ist das Projekt jedoch sehr gut vorangekommen.
Jürg Kaufmann	*Verzieht ungläubig das Gesicht* Weshalb kam es dann zu Verzögerungen, wenn es so gut gelaufen ist?
Monika Lange	Wir hatten kleinere Personalprobleme. Gewisse Arbeiten wurden nicht termingerecht erledigt, deshalb wurde der Ablieferungstermin leider nicht eingehalten.
Jürg Kaufmann	Kleinere Personalprobleme? Was soll denn das heißen? Ist Ihnen nicht klar, dass wir nun eine riesige Buße wegen dieser Verzögerung bezahlen müssen? Frau Lange, ich habe Sie bisher für eine fähige Mitarbeiterin gehalten. Warum haben Sie nicht frühzeitig interveniert? Das kann doch nicht so schwer sein. Wo bleiben Ihre Führungsfähigkeiten? *Verärgert.*
Monika Lange	Leider war dies nicht so einfach. Ich hatte sehr viel zu tun und ich habe den Unmut der Kollegen erst gegen Schluss des Projektes bemerkt. Eigentlich war nur einer für den ganzen Schlamassel verantwortlich.
Jürg Kaufmann	Bei Ihnen liegt letztlich die Verantwortung und Sie haben versagt. Sie sind einer solchen Aufgabe also immer noch nicht gewachsen. Als ich anfing, wäre ich froh und dankbar gewesen, ich hätte so tolle Projekte leiten dürfen.
Monika Lange	*Jetzt platzt Lange der Kragen. Sie antwortet gereizt.* Wissen Sie, Herr Kaufmann, alle haben ihre Aufgaben super und termingerecht erledigt. Nur Ihr Sohn. Dem mussten wir die Pläne regelrecht hinterher tragen. Der ist zu nix zu gebrauchen. Der ist schuld an all den Verspätungen.
Jürg Kaufmann	Komisch. Meine Aufträge erledigt Dani immer gut. Sie suchen jetzt einfach einen Sündenbock.

Der Geschäftsleiter ist über die Verzögerung bei den CAD-Zeichnungen völlig überrascht. Nichts hört ein Chef weniger gern, als derart schlechte Nachrichten, erst recht aus zweiter Hand. Zudem ist er derzeit privat stark belastet. Seine Frau ist schwer krank. Daher hat er in letzter Zeit mehr delegiert, als es seine Art ist. Sein Sohn Dani hat die Schule abgebrochen und macht im väterlichen Betrieb ein Praktikum. Seine momentane Verfassung und der Anruf haben den sonst souveränen und ruhigen Geschäftsleiter überrumpelt. Er ist enttäuscht, dass Monika Lange, deren gewissenhafte und selbständige Arbeitsweise er sehr schätzt, die Projektrisiken nicht im Griff zu haben scheint. Durch die Kaskade vorwurfsvoller Fragen gleich am Anfang des Gesprächs entsteht sofort ein Konflikt auf der Beziehungsseite.

Monika Lange	Ja, das glaube ich gerne, dass Dani bei Ihnen die Sonderaufgaben picobello erledigt. Das waren auch kleine Sonderarbeiten vom Papi, überhaupt nicht anspruchsvoll und hatten nichts mit unserem Verkehrskonzept zu tun.
Jürg Kaufmann	Man muss Dani nur klare Anweisungen geben. Dann macht er seine Arbeit immer tadellos. Ich dachte, Sie hätten das drauf, aber offensichtlich habe ich Sie überschätzt. Und überhaupt, was meinen Sie mit Sonderarbeiten? Meinen Sie etwa, ich würde Dani bevorzugen?
Monika Lange	Natürlich machen Sie das. Er ist nicht belastbar und extrem unzuverlässig. Zum Kunden kann man ihn auch nicht schicken. Wenn er sich wenigstens mal die Haare waschen würde.
Jürg Kaufmann	*Aufbrausend* Geht's noch? Was wollen Sie damit sagen? Dass ich als Vater versagt habe? Schauen Sie erst mal, dass bei Ihnen alles rund läuft.
Monika Lange	Dass würde ich ja gerne, aber ein gewisser Herr, Sohn von Beruf, setzt alles daran, dass es eben nicht rund läuft. Wenn er sich dann mal dazu durchringt, zur Arbeit zu erscheinen, zieht er die Arbeitsmoral des ganzen Teams durch seine herablassende Art herunter. Und meistens bleibt es dann auch beim Erscheinen, denn Arbeiten überlässt er den anderen. Außerdem ist …
Jürg Kaufmann	*Fällt Monika Lange ins Wort* Das ist ein völlig verzerrtes Bild, das Sie von Dani zeichnen. Es kann nicht sein, dass eine Projektverzögerung am Praktikanten scheitert. Das ist lächerlich. Sie beleidigen meine ganze Familie, nur weil Sie Ihren Job nicht im Griff haben.
Monika Lange	Wenn Dani so toll ist, wie Sie ihn beschreiben, kann er ja die Projektleitung übernehmen. Dann schaut er vielleicht auch mal von seinem Handy auf. Damit gamet er nämlich die ganze Zeit rum.
Jürg Kaufmann	Es reicht jetzt. Gehen Sie bitte zurück zu Ihrer Arbeit.

Monika Lange steht entrüstet auf und verlässt den Raum. Damit wird ein Problem sichtbar, das die Projektleiterin bereits länger beschäftigt. Aus Rücksicht auf die familiäre Situation des Geschäftsleiters hat sie sich bisher nicht getraut, sich über die Leistungsverweigerung seines Sohnes zu beschweren. Durch die persönlichen Vorwürfe fühlt sie sich in ihrer Wahrnehmung bestätigt, dass der Sohn seinem Vater auf der Nase herumtanzt. Sie holt zu einem „Rundumschlag" aus.

6.1.2   Besonderheiten des Kritikgesprächs

Kritikgespräche zielen darauf ab, Feedback zu geben. Gute Kritikgespräche zielen darauf ab, konstruktives Feedback zu geben. Der englische Begriff Feedback wird häufig als Oberbegriff für Rückmeldung, Reaktion, Resonanz oder Kritik verwendet. Gleichzeitig wird Feedback auch häufig im Sinne abgeschwächter Kritik angewendet. Feedback scheint begrifflich eine positivere Wirkung als Kritik zu haben. Zugleich hat es einen spontaneren Charakter. Feedback soll möglichst unmittelbar erfolgen, damit es die gewünschte Reaktion zeigt. Darauf deutet auch hin, dass Feedback besonders häufig im Zusammenhang mit wertenden Wörtern wie „positiv", „direkt", „sofortig" oder „wertvoll" auftaucht (Abt. Automatische Sprachverarbeitung Universität Leipzig 2011).

In diesem Fall ist es Rücksichtnahme auf eine private Situation, welche die Projektleiterin davon abhält, frühzeitig zu eskalieren. Es gibt jedoch weitere Gründe, die gerade aus Sicht der Mitarbeitenden dazu beitragen, dass Kritik nicht geäußert wird. Wer – Umfragen und Studien legen das nahe – weiß, dass Führungskräfte gerade in Großunternehmen „möglichst angepasste und pflegeleichte Mitarbeiter" (Schüür-Langkau 2015) wünschen, wird sich genau überlegen, ob und wann Kritik geäußert werden kann. Aus Bequemlichkeit ist es oft einfacher, zum Ja-Sager zu werden. Wozu persönliche Nachteile in Kauf nehmen, wenn ein Chef oder anderes Teammitglied mit Kritik nicht richtig umgehen kann? Wer im Beruf eigenständig denken und innovativ arbeiten möchte, sollte sich die Feedbackkultur seines Wunschunternehmens deshalb im Vorfeld genau anschauen (Kap. 2).

> Häufig sind Beurteilungsgespräche Kritikgespräche, weil es deren Ziel ist, die individuelle Leistung gesamthaft zu bewerten. Normalerweise gehören positive wie negative Aspekte zu dieser Beurteilung. Gibt es für ein Gespräch einen konkreten Anlass – ist es also nicht Teil eines unternehmensweiten Prozesses – spricht man eher von Kritikgespräch.

In Abgrenzung zum Kritik- oder Beurteilungsgespräch wiederum ist das Schlechte-Nachrichten-Gespräch zu sehen. Dabei ist die Spanne von Anlässen, die zu Schlechte-Nachrichten-Gesprächen führt, sehr weit: Sie reicht von abgelehnten Urlaubsanträgen über die Entziehung von Kompetenzen bis hin zur fristlosen Kündigung (Weber 2005, S. 32). Ein solches Gespräch liegt dann vor, wenn nach der Definition Webers drei Punkte zutreffen:

> (1) Es liegt ein Ereignis vor, das für (mindestens) eine Person eine außerordentlich negative Bedeutung besitzt. (2) Die betroffene Person weiß noch nichts von dem Ereignis oder ahnt diffus, dass etwas Unangenehmes auf sie zukommt. Es gibt einen „Überraschungseffekt". (3) Das Wesentliche der schlechten Nachricht ist nicht mehr veränderbar und hängt in keiner Weise vom Verlauf des Gespräches oder von anderen Entwicklungen ab (Weber 2005, S. 31).

Bei dem Gespräch im Verkehrsplanungsbüro handelt es sich um ein Kritikgespräch, das unvorbereitet stattfindet. Es geht dem Geschäftsleiter nicht darum, eine schlechte Nachricht zu überbringen, sondern seinen eigenen Ärger loszuwerden. Im Gegensatz zum Schlechte-Nachrichten-Gespräch ist das Ergebnis des Kritikgesprächs also offen, da vom

Gesprächspartner eine Änderung bzw. Anpassung des eigenen Verhaltens gewünscht und erwartet wird.

Beiden Gesprächssorten gemein ist die erwartete emotionale Reaktion auf die überbrachte Mitteilung. Ein Kritikgespräch ist ein Balanceakt zwischen Konfrontation auf der Sachseite und Respekt auf der Beziehungsseite (Benien 2010, S. 201). Das Grundmuster eines erfolgreichen Gesprächs trifft auch für Kritikgespräche zu und bedarf einer sorgfältigen Vorbereitung (Kap. 3).

Benien hat eine Übersicht empfehlenswerter Verhaltensweisen zusammengestellt, die der Vorbereitung eines konstruktiven Kritikgesprächs aus Sicht der Führungskraft dienen. Sie folgt dem Motto: „denn wo das Herz verweigert, hat der Verstand keinen Zutritt" (Benien 2010, S. 198). Je besser sich die beiden Personen kennen und schätzen, desto einfacher wird es, offen miteinander zu sprechen. Auch hier gilt: Je grösser der Common Ground im Team, desto annehmbarer wird es, mit Kritik umzugehen (Kap. 2; nach Clark 1996).

Folgende Verhaltensweisen können eine negative Wirkung auf den Verlauf eines Kritikgesprächs haben und sollten deshalb beachtet werden.

- Kritische Rückmeldungen brauchen ein gutes Timing. Sie verlieren ihre Wirksamkeit, wenn sie zu spät oder zu früh kommen, wie im Falle des Beispielsgesprächs, in dem der Geschäftsleiter unüberlegt seine Kritik äußert.
- Die Kritik sollte sich nicht auf die Gesamtperson beziehen, da dies Angst, Ärger oder Wut erzeugen kann. Verallgemeinerungen und/oder Übertreibungen („immer", „ständig") führen dazu, dass Kritik an der Person, nicht an der Sache vermutet wird.
- Die Kritik sollte sich auf das Wesentliche beschränken und nicht zu einem Rundumschlag werden, wie beispielsweise die Fragekaskade des Geschäftsleiters am Anfang des Beispielgesprächs.
- Vermutungen und Bewertungen sollen transparent gemacht werden („Ich vermute, . . . ", „Aus meiner Sicht stellt sich der Verlauf so dar . . . ").
- Kritik soll nicht vor Dritten geäußert werden, wenn dies zu einem Gesichtsverlust führen kann.
- Kritik sollte, was in virtuellen Konstellationen nicht immer möglich ist, persönlich geäussert werden, da dies die kommunikativen Möglichkeiten erhöht, die Reaktion des Gesprächspartners besser zu deuten und auf ihn einzugehen.
- Kritik sollte nicht über Dritte übermittelt werden.
- Dem Gesprächspartner soll Zeit für die eigene Darstellung gegeben werden.

6.1.3 Ich-Botschaften: Emotionen und der situative Kontext

Es geht also nicht darum, Emotionen im beruflichen Umfeld zu unterdrücken, sondern vernünftig mit ihnen umzugehen und sie gegebenenfalls auch explizit zum Gesprächsthema zu machen (zum Beispiel „Diese Bemerkung wird dich möglicherweise verärgern . . . ").

Emotionen sind zwar Teil des Lebens am Arbeitsplatz, werden aber gerne ausgeblendet. So kommt es, dass Kritikgespräche zwar oft zu heftigen emotionalen Reaktionen führen, diese aber sprachlich nicht adäquat zum Ausdruck gebracht werden können. Wenn von „professioneller Gesprächsführung" die Rede ist, wird darunter häufig ein überlegtes und sachliches Sprechen verstanden, dass ohne Gefühle auskommt. Der Duden (Dudenredaktion 2017) nennt denn auch „sachgemäß", „fachgerecht" und „sachgerecht" als Synonyme für „professionell". Das ist jedoch eine sehr einseitige Auslegung. Niemand legt sein Menschsein ab, wenn er den Laborkittel überzieht. Der US-amerikanische Psychologe Paul Ekman, ein Pionier der Gesichtserkennung, bringt die Bedeutung von Emotionen in unserem Leben auf den Punkt:

> Unsere Emotionen erweisen uns in vielen – manchen von uns sogar in allen – Situationen gute Dienste; sie sorgen dafür, dass wir uns mit entscheidenden Dingen des Lebens auseinandersetzen, und sie verschaffen uns auf unterschiedlichste Weise Genuss. Manchmal geraten wir durch unsere Emotionen allerdings auch in Schwierigkeiten, nämlich dann, wenn unsere emotionale Reaktion unangemessen ausfällt (Ekman 2011, S. 23).

Schwierig für die Kritik äußernde Person ist die Reaktion beispielsweise dann, wenn das passende Gefühl empfunden, aber mit der falschen Intensität gezeigt wird. Oder aber das passende Gefühl wird auf die falsche Weise gezeigt, etwa wenn eine Person berechtigterweise verärgert ist und sie sich daraufhin beleidigt zurückzieht. Besonders komplex ist die emotionale Reaktion dann, wenn das „falsche Gefühl" (Ekman 2011, S. 23) zum Vorschein kommt, z. B. dass Angst empfunden wird, wenn es gar keinen Grund dafür gibt, sie zu empfinden.

▶   **Tipp** Unabhängig davon, ob es um einen objektiven Sachverhalt oder eine persönliche Haltung geht, einen oft gehörten Einstiegssatz in einem Kritikgespräch sollten Sie in jedem Fall sofort streichen: „Nimm's nicht persönlich!" Wer viel Zeit und Engagement in seine Arbeit investiert und sich mit dieser identifiziert, wird gar nicht anders können, als ein negatives Feedback auch persönlich zu nehmen. Entsprechend zeigt sich auch die emotionale Reaktion.

Deshalb ist es wichtig, die typischen emotionalen Reaktionen der Mitmenschen zu erkennen und diese in Worte fassen zu können. Die takt- und respektvolle Versprachlichung von Emotionen ist ein bedeutender Schritt und schafft die Grundlage für eine gelingende Kommunikation. Nicht alles ist gleich „krass" oder „ätzend". Die souveräne und differenzierte Benennung von Gefühlen kann zu einer Deeskalation des Gesprächs führen. Paul Ekman (2011) hat die folgenden Grundgefühle, die größtenteils bereits auf Darwin zurückgehen, empirisch untersucht. Diese Gefühle werden beispielhaft durch Adjektive, mit denen dieser Gefühlszustand jeweils benannt werden kann, illustriert.

- Freude (freudig, begeistert, belebt, glücklich, heiter, lustig, selig, strahlend, vergnügt)
- Ärger/Wut (ärgerlich, voller Angst, empört, genervt, wütend, sauer, zornig)

- Verachtung (geringschätzig, von oben herab, arrogant, menschenverachtend)
- Trauer (traurig, deprimiert, bedauernd, bekümmert, niedergeschlagen, sorgenvoll, todtraurig)
- Ekel (eklig, abscheulich, widerwärtig, angeekelt)
- Überraschung (überrumpelt, überrascht, vor den Kopf gestoßen, schockiert, erschrocken)

Diese Gefühle zu haben und sie zu erkennen, ist ein Grundbestandteil menschlichen Lebens und universal anzutreffen. Ekman (2011, S. 1–22) hat diese universelle Gültigkeit empirisch nachgewiesen. Wären diese Gefühle nicht universell nachweisbar, würden beispielsweise auch Emojis nicht funktionieren.

Reflexion von Emotionen am Arbeitsplatz

1) Nennen Sie zwei typische Verhaltensweisen, die in Ihrem Arbeitsumfeld oft kritisiert werden. Stellen Sie sich für jede dieser Verhaltensweisen eine konkrete Situation vor.
2) Welche Gefühle lösen diese Verhaltensweisen jeweils in Ihnen aus? Benennen Sie diese!
3) Suchen Sie Synonyme für die Gefühle, die diese Verhaltensweise in Ihnen auslösen. So können Sie Ihren Wortschatz im Umgang mit Emotionen ausbauen. Nehmen Sie gegebenenfalls einen Thesaurus oder eine Synonyme-Datenbank im Internet zu Hilfe.

Marshall B. Rosenberg hat mit seinem Standardwerk „Gewaltfreie Kommunikation" (2005) die Grundlage dafür gelegt, über konfliktreiche Themen unter Einbezug von Gefühlen und Bedürfnissen sprechen zu können. Für ihn ist es erstrebenswert, dass Gefühle ihren Platz in Gesprächen am Arbeitsplatz haben und Hilfestellung geben, Konflikte konstruktiv zu lösen. Er hat ein Konzept entwickelt, das aus vier Schritten besteht, um zu einer gelingenden Kommunikation zu kommen (Rosenberg 2005, S. 25).

- **Beobachtung:** Zunächst wird geschildert, was tatsächlich geschieht. Was sehen wir, was hören wir?
- **Gefühle:** Als nächstes werden die Gefühle angesprochen, die diese Handlung beim Sprecher auslöst.
- **Bedürfnisse:** Im dritten Schritt sagt die Person, die eine Kritik anbringen möchte, welches Bedürfnis hinter diesen Gefühlen steht.
- **Bitte:** Diese Komponente bezieht sich darauf, welches Handeln wir von der anderen Person erwarten.

Das Vorgehen der gewaltfreien Kommunikation wird häufig mit dem Konzept der Ich-Botschaften gleichgesetzt, auch wenn dieser Begriff selber nicht von Rosenberg, sondern von Thomas Gordon geprägt wurde (1995, S. 112).

Rosenberg geht es also in erster Linie darum, Beobachtungen und Bewertungen voneinander zu trennen. Eine Kritik, die als Vorwurf vorgebracht wird („Das haben Sie schlecht gemacht!"), wird die kritisierte Person aufgrund der direkten Bewertung vermutlich als persönlichen Angriff wahrnehmen. Wenn beobachtbare Fakten („Der Eingabetermin verzögert sich") von Gefühlen („Es ärgert mich sehr, dass ich davon erst jetzt erfahre.") und Bedürfnissen („Ich hätte gerne die Gründe gewusst, damit ich mit der Gemeinde besser hätte verhandeln können.") getrennt werden, ändert sich die Perspektive, so dass beide Gesprächspartner eine bessere Möglichkeit haben, Beobachtung und Bewertung voneinander zu trennen.

Allerdings gibt es auch Anlässe der Kritik, bei denen es direkt um die Person oder ihre Einstellung geht. Wenn ein Kollege faul ist, eine chaotische Arbeitsweise hat, die den anderen das Leben schwer macht, oder sein persönliches Verhalten die anderen stört (z. B. Chatten während einer Sitzung) – das sind alles Punkte, bei denen es direkt um die Person geht. Wird diese Kritik an der Person als Ich-Botschaft formuliert, kann sie als Problemlösungsvorschlag verstanden werden und nicht als Vorwurf. Durch die Relativierung der Perspektive wird die Ich-Botschaft annehmbar (Bay 2006, S. 92).

Frage: Ich-Botschaft formulieren

1) Suchen Sie sich eine kritische Äußerung aus dem Gespräch zwischen Geschäftsleiter und Projektleiterin aus, die zur Eskalation der Situation beiträgt.
2) Untersuchen Sie diese Situation und überlegen Sie, weshalb gerade diese Äußerung das Gespräch eskalieren lässt.
3) Formulieren Sie die Äußerung in eine vollständige Ich-Botschaft um, die alle vier Komponenten enthält.

Neben grundlegenden emotionalen Dispositionen prägt auch der situative Kontext den Gesprächsverlauf. Das sind zunächst einmal die äußeren Rahmenbedingungen, in denen das Gespräch stattfinden soll. Dazu zählen der Zeitpunkt des Gesprächs, der Ort und die Teilnehmenden. Im Beispielgespräch hat Lange thematisch und zeitlich keine Möglichkeit, sich auf das Gespräch vorzubereiten. Ihr zunächst unterdrückter Ärger wird zu Ekel, wenn sie über das Äußere Danis spricht. Der Inhaber des Verkehrsplanungsbüros reagiert emotional auf diese Vorwürfe, weil sie sich an ihn als Vater richten, nicht an ihn als Führungskraft. Er bezieht die Aussagen seiner Projektleiterin über die mangelnde Leistung seines Sohnes auf sich als Person.

Die momentane Verfassung der Person beeinflusst die Reaktion auf ein unangenehmes Thema ebenfalls sehr stark. Dazu gehören der allgemeine körperliche und psychische Zustand, die Lebensumstände, aber auch die allgemeine Bereitschaft des Angesprochenen zur Veränderung. Wer sich morgens bereits auf dem Weg zur Arbeit über Lärm oder Dreck im ÖPNV ärgert, reagiert im anschließenden Meeting in der Firma möglicherweise heftiger, als es der Sachverhalt verdient. Im Beispielgespräch können wir davon ausgehen, dass der Geschäftsleiter durch die Krankheit seiner Frau stark belastet ist, was seinen

Handlungsspielraum mitprägt. Er reagiert dadurch möglicherweise angespannter auf die Kritik seiner Projektleiterin. Gerade diese persönlichen Kritikpunkte bleiben oft sehr lange unausgesprochen, weil sie eine unangenehme Herausforderung sind. Dabei besteht das Risiko, dass sich diese negativen Gefühle gegenüber einer Person und ihrem Verhalten mit der Zeit immer mehr ansammeln und es zu einem späteren Zeitpunkt unbewusst zu einem Ausbruch dieser Gefühle kommt. Ein nachlässiges Verhalten, das für sich betrachtet völlig belanglos ist, kann das Fass zum Überlaufen bringen. Die daraus resultierende Reaktion kann auf das Gegenüber völlig übertrieben wirken. Anlass und Reaktion, so wie im besprochenen Fallbeispiel aus dem Verkehrsplanungsbüro, stehen nicht mehr in einem angemessenen Verhältnis zueinander.

Der Berufsalltag erfordert von allen viel Anpassungsfähigkeit, Konzentration und eine hohe Geschwindigkeit. Gleichzeitig sollen neue Ideen produziert werden. Fakten ändern sich, Meinungen ändern sich. Es wird schneller geplant und kurzfristiger geändert. Solche Veränderungen sind nicht einfach. Sie sind Hauptthema vieler Gespräche: technische, organisatorische wie auch persönliche. Die Überlagerung dieser Ebenen kann zu zeitweiliger Überforderung führen. Menschen sind keine Maschinen, die auf denselben Reiz immer gleich reagieren. Wenn Zeitpunkt und der Ort eines Gesprächs nicht passen, ist Besonnenheit gefragt. Dann ist es besser, das Gespräch zu vertagen. Dadurch verringert sich zwar das Tempo der Kommunikation, aber die Qualität der Zusammenarbeit und der Arbeitsleistung erhöht sich.

6.2 Mit der Transaktionsanalyse die Beziehungsseite analysieren

Die Transaktionsanalyse ist ein Kommunikationskonzept, das von dem Mediziner und Psychiater Eric Berne begründet wurde. Sie gründet auf einem humanistischen Menschenbild. Besonders die von ihm entwickelte Skriptanalyse ist der Psychoanalyse eng verwandt. Die Transaktionsanalyse kommt ursprünglich aus der klinischen Psychotherapie, wird heute jedoch als modernes Kommunikationskonzept mit vielen Anwendungsfeldern betrachtet. Die Transaktionsanalyse hat ihre Schwerpunkte in der Familienberatung, in der Beratung von Organisationen und in der Erwachsenenbildung. Da die Transaktionsanalyse verhaltens- und ergebnisorientiert ausgerichtet ist und mit einem verständlichen Vokabular arbeitet, kann sie gut in begleiteten Veränderungsprozessen im Betriebsalltag eingesetzt werden. Auch langfristig ist sie ein effektives Mittel, das eigene Verhalten zu reflektieren und Verhaltensalternativen zu entwickeln. Das nachfolgend geschilderte Konzept der Ich-Zustände aus der Transaktionsanalyse basiert, sofern nicht anders angegeben, auf dem grundlegenden Lehrbuch von Ian Stewart und Vann Joines (1996), die Erläuterungen zu den aus den Ich-Zuständen abgeleiteten Grundpositionen auf Thomas Harris' Standardwerk *Ich bin o.k., du bist o.k.* (2001). Die deutschen Begriffe orientieren sich an Rüttingers handlungsorientierter und leicht verständlicher Einführung in die Transaktionsanalyse (2005).

6.2.1   Die Grundpositionen

Gemäss dem Menschenbild der Transaktionsanalyse ist jeder Mensch o.k., d. h. jeder und jede bringt die Möglichkeit mit, ein gutes Leben im Einklang mit sich und den Mitmenschen zu führen. Gleichzeitig bringt jeder Mensch auch die Möglichkeiten zu einer gegenteiligen Entwicklung mit sich. Erst durch die Auseinandersetzung mit der eigenen Entwicklung kann er seine angeborenen Möglichkeiten umsetzen. Jeder Mensch kann also autonom entscheiden, wie er leben möchte.

Es gibt Situationen, in denen wir uns wohl fühlen und mit uns und der Welt zufrieden sind. Es gibt aber auch Situationen, in denen wir an uns und/oder den anderen zweifeln. Dennoch hat jeder Mensch aufgrund der gemachten Erfahrungen eine Grundeinstellung zu sich und seinen Mitmenschen. Vor allem in kritischen Situationen neigen wir alle zu einer bestimmten Grundeinstellung. Diese Grundeinstellungen werden in der TA Grundpositionen oder Lebenspositionen genannt. Sie bestimmen unsere Sicht auf die Welt. Insgesamt werden vier Grundpositionen unterschieden.

Ich bin o.k. – du bist o.k.: Wer eine positive Grundposition einnimmt, für den sind alle Menschen gleichermaßen in Ordnung: diese Grundeinstellung gilt für die eigene Person wie auch für alle anderen. Das ist nach Berne die Grundeinstellung der Menschlichkeit schlechthin: „Ich bin o.k. – du bist o.k." (kurz: +/+). Wenn ich alle Menschen für o.k. halte, kann ich mich und sie respektieren, auch wenn sich die Meinungen in einer Problemsituation unterscheiden. Diese Grundposition ist nicht an Hierarchie oder Status gebunden. Diese positive Grundposition kann im Laufe des Lebens trainiert werden. Wer sich entscheidet, seine Minderwertigkeits- bzw. Überlegenheitsgefühle abzulegen, kann meist auch seiner Umwelt positiver entgegentreten. Das Kommunikationsverhalten kann sich entsprechend ändern.

Ich bin nicht o.k. – du bist o.k.: Es gibt Menschen, die an sich selber zweifeln und anderen mehr zutrauen als sich selber. Diese Menschen sind oft daran zu erkennen, dass sie häufiger nach Rat fragen bzw. Beratung benötigen und anderen die Entscheidungen überlassen. Sie befinden sich in der Grundposition „Ich bin nicht o.k., du bist o.k." (kurz: –/+).

Ich bin o.k. – du bist nicht o.k.: Dagegen besitzen Menschen in der Grundposition „Ich bin o.k. – du bist nicht o.k." Überlegenheitsgefühle. Sie trauen sich mehr zu als anderen. Sie geben gerne Ratschläge und neigen in Entscheidungssituationen zur Dominanz. Um ihre Grundposition auszuleben, suchen sie häufig die Zusammenarbeit oder im Privaten auch das Zusammenleben mit Personen der Grundposition –/+.

Ich bin nicht o.k. – du bist nicht o.k.: Wer weder sich selber noch dem Gesprächspartner einen Eigenwert zuspricht, bevorzugt die Grundposition „Ich bin nicht o.k. – du bist nicht o.k." (kurz: −/−). In manchen Fällen zeigt sich in der Grundposition eine verachtende Einstellung gegenüber der Welt. Dieses Gefühl der Ohnmacht und Wertlosigkeit führt in Gesprächssituationen dazu, dass wenig konstruktive Lösungsvorschläge kommen. Solche Menschen suchen in der Regel auch nicht nach Hilfe, wenn sie in einer schwierigen Situation sind. Man traut den anderen Menschen genauso wenig zu wie sich selber.

Welche typischen Verhaltensweisen aus der jeweiligen Grundposition abgeleitet werden können, zeigt Abb. 6.1. Franklin Ernst hat dieses Schema entworfen (1981). Es zeigt die erwartete Verhaltensweise einer Person in einer Konfliktsituation. Es ist klar erkennbar, dass die Grundposition „+/+" die höchste Problemlösungsfähigkeit besitzt, da diese Grundposition einen konstruktiven Umgang mit Problemen erlaubt. Eine solche Grundposition nimmt die eigenen Interessen und die der anderen Personen gleichermaßen wichtig.

Oft, so auch im Fallbeispiel, wird diese gesunde Grundposition nicht konsequent durchgehalten. Kommen Emotionen ins Spiel, fallen Menschen durchaus in die unbewusst übernommene Grundposition zurück, die in ihrer Erziehung prägend gewesen ist – auch wenn sie ganz bewusst an ihrer Grundposition gearbeitet haben. Wenn beispielsweise ein Kollege in strittigen Debatten mit seinen Kolleginnen durchaus aus einer +/+-Grundhaltung agieren kann, fällt er bei einem verbalen Angriff durch eine autoritäre Kollegin in ein −/+-Verhaltensmuster. Das kann dadurch erklärt werden, dass er als Kind autoritär

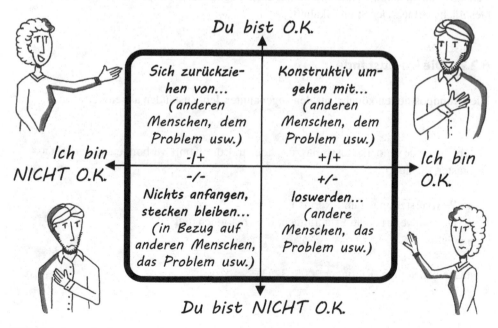

Abb. 6.1 Der o.k.-Corral. (Ernst 1981)

erzogen wurde und sich unbewusst unterordnen musste, was wiederum zu einem unter-entwickelten Selbstbewusstsein geführt haben mag. Die Grundposition hängt also unter Umständen vom situativen Kontext und dem Gesprächsgegenüber ab.

Im Gespräch zwischen dem Inhaber des Verkehrsplanungsbüros und der Projektleiterin ist ein Wechsel der Grundposition zu beobachten. Zunächst können wir davon ausgehen, dass beide Gesprächspartner in einer „Ich bin o.k. – du bist o.k."-Grundposition die Probleme des Projekts lösen wollen. Sie schätzen und respektieren die Meinung des anderen. Von Beginn des Gesprächs an sind jedoch kleine Indizien zu erkennen, dass die Grundposition des Geschäftsleiters eine Tendenz zu „Ich bin o.k. – du bist nicht o.k." aufweist. Seine suggestive Frage („Ich dachte, das Projekt laufe wie geschmiert") klingt zynisch. Da die Projektleiterin sehr zögerlich antwortet, wird er immer ungeduldiger. Er fühlt sich ihr überlegen und beginnt Vorwürfe zu machen. Seine körpersprachlichen Signale verstär-ken seine Verärgerung, indem er wild mit den Händen gestikuliert und den Kopf schüttelt. Er ist nicht mit Monika Langes Verhalten einverstanden. Lange dagegen geht mit einer überzeugten „Ich bin o.k. – du bist o.k."-Haltung in das Gespräch. Erst der direkte Vor-wurf, sie sei unfähig, ein solches Projekt zu leiten, führt bei ihr zu einer Änderung der Grundposition. Ihr platzt der Kragen und sie geht in eine Angriffsposition, „Ich bin o.k. – du bist nicht o.k.". Die Verallgemeinerung und Übertreibung, mit der sie die Aktivi-täten Danis im Projekt beschreibt, bilden den Wendepunkt des Gesprächs. Ihre Angriffe zielen auf die Person des Geschäftsinhabers. Ihre Aussagen über seinen Sohn, so sehr sie auch der Wahrheit entsprechen mögen, sind so formuliert, dass sich ein Vater leicht als Versager fühlen kann. Beide sind nun in einer negativen Grundposition gegenüber ihrem Gesprächspartner. Der Streit eskaliert.

6.2.2   Die Ich-Zustände

Die Grundpositionen können aus den sogenannten Ich-Zuständen abgeleitet werden.

> Ich-Zustände sind Bewusstseinszustände und die damit verbundenen Verhaltens-muster, die durch
>
> - Wertvorstellungen und Normen,
> - wertfrei verarbeitete Erfahrungen, Informationen und
> - Gefühle
>
> ausgelöst werden (Rüttinger 2005, S. 53).

Abb. 6.2 Die Ich-Zustände.
(Rüttinger 2005)

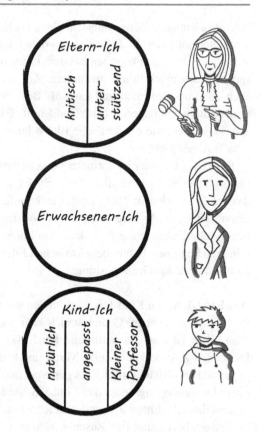

Eric Berne unterscheidet drei grundsätzliche Ich-Zustände, die jeweils weiter differenziert werden können (Abb. 6.2). Demnach kann auch ein Erwachsener bestimmte Situationen aus einer kindlichen Perspektive erleben und sich entsprechend verhalten. Berne spricht dann vom Kind-Ich. Er kann andere Situationen elternhaft erleben und sich so verhalten, wie er das von seinen Eltern oder anderen nahen Autoritätspersonen erlebt hat. Dann wird vom Eltern-Ich gesprochen. Er kann sich aber auch aus diesen beiden unbewussten Verhaltensmustern lösen und sachlich aufgrund seiner Wahrnehmung Entscheidungen treffen oder Bewertungen vornehmen. Berne nennt diesen Zustand Erwachsenen-Ich.

Jeder Mensch kann sich aus jedem dieser Ich-Zustände verhalten.

Das Eltern-Ich: Aus dem Eltern-Ich agieren wir, wenn wir ein Verhalten unbewusst übernehmen, wie wir es bei unseren Eltern oder anderen Autoritätspersonen aus der Kindheit erlebt haben. In diesem Zustand zeigen wir Verhaltensweisen, die sich an Normen und

Werten orientieren. Berne unterscheidet zwei Varianten. Das kritische Eltern-Ich zeigt Autorität und setzt Regeln. Es kritisiert – daher der Name – und kontrolliert. Werturteile und moralische Aussagen kommen aus dem kritischen Eltern-Ich. Es hilft deshalb, eigene Ansprüche zu entwickeln und zu fordern. Auf der anderen Seite führt die kritische Haltung auch zu Unzufriedenheit und kann als Bevormundung ausgelegt werden. Das unterstützende Eltern-Ich dagegen tröstet und hilft. Es gibt Schutz und Geborgenheit, schränkt aber – genauso wie das kritische Eltern-Ich – die eigene Entscheidungsfreiheit ein und schafft Abhängigkeiten.

Der Geschäftsleiter ist normalerweise aufgrund seiner Persönlichkeitsbeschreibung ein fürsorglicher und kooperativer Mensch. Es wäre anzunehmen, dass er – wäre er durch das Telefonat mit dem Auftraggeber nicht unter Stress geraten – aus dem unterstützenden Eltern-Ich agiert. Er zeigt im Gesprächsverlauf jedoch klare Tendenzen zum kritischen Eltern-Ich, die durch die Provokationen Langes dann auch den Gesprächsverlauf zu dominieren beginnen. Hinter dem kritischen Eltern-Ich zeigt sich häufig eine „Ich bin o.k. – du bist nicht o.k.“-Grundposition.

Das Kind-Ich: Im Kind-Ich wiederholen wir unsere Strategien, die wir als Kind erfolgreich eingesetzt haben. Grundsätzlich kann man drei Kind-Ich-Zustände unterscheiden. Zum einen ist dies das natürliche Kind, das sich spontan, frei und rebellisch verhält. Dieser Ich-Zustand kennt keine Moral und keine Grenzen. Dagegen verhält sich das angepasste Kind-Ich unauffällig. Es gehorcht und macht, was ihm gesagt wird. Bereits diese kurze Definition zeigt, dass das Kind-Ich einen komplementären Zustand zum Eltern-Ich beschreibt. Als dritten Zustand bezeichnet Berne den „kleinen Professor“. Der „kleine Professor“ bezeichnet den Zustand, in dem wir dank unserer Intuition sofort begreifen, worum es geht, und wir entsprechend schlagfertig reagieren können. Der kleine Professor ist daher ein Meister der Manipulation.

Das Erwachsenen-Ich: Während der kleine Professor intuitiv begreift, nutzt das Erwachsenen-Ich alle zur Verfügung stehenden Ressourcen, um zu einer Bewertung zu kommen. Sein Ziel ist es, im Gespräch mit anderen möglichst objektiv alle vorhandenen Informationen zu sammeln und zu gewichten. So kann das Erwachsenen-Ich auch in der Entscheidungsfindung die Bedürfnisse der anderen Person mit einbeziehen. Das Erwachsenen-Ich erkennt die eigenen Gefühle und die der anderen. Emotionen sind ein Teil des Lebens, mit denen das Erwachsenen-Ich bewusst umgeht und sie sprachlich angemessen artikulieren kann.

Harris bleibt nicht bei diesen theoretischen Erläuterungen stehen. In seinem Standardwerk über die Transaktionsanalyse (2001) erläutert er, wie die Ich-Zustände sprachlich im Alltag auftreten (Tab. 6.1).

Tab. 6.1 Die Ich-Zustände und ihre sprachlichen Signale. (Harris 2001, 84–88)

Ich-Zustände	Sprachverhalten	Sprachliche Kennzeichen
Kritisches Eltern-Ich	urteilend, fordernd, zurecht-weisend	nie, niemals, schon immer … Ich werde dafür sorgen, dass das ein für alle Mal aufhört.
Unterstützendes Eltern-Ich	beratend, mitfühlend, be-schützend, ermutigend	Du musst immer daran denken, dass …. Du darfst nie vergessen, dass … Wie oft habe ich dir schon gesagt … Wenn ich du wäre, … Wertende Urteile, die nicht nach systematischer Abwägung zustande kommen: dumm, böse, unartig, schlapp, sinnlos, von allen guten Geistern verlassen …
Erwachsenen-Ich	abwägend, objektiv, kon-struktiv	warum, wo, wann, was, wer, wie, wie viel auf welche Weise verhältnismäßig richtig/wahr verkehrt/falsch/unwahr wahrscheinlich, möglich ich finde, ich meine
Natürliches Kind-Ich	kreativ, spontan, freudig, begeistert, fordernd, aggres-siv, trotzig, wütend	wollen sofort Ich wünsche mir …
Angepasstes Kind-Ich	zurückhaltend, vorsichtig, gehemmt, absichernd	Ich möchte … Weiß ich doch nicht.
Kleiner Professor	witzig, charmant, schlagfer-tig	Ich tu jetzt … Mir doch egal. besser, am besten

---

Reflexion

Beobachten Sie sich in den nächsten Tagen selber bei der Arbeit.

Überlegen Sie,

- wann,
- In welcher Situation,
- wem gegenüber und
- wie häufig

Sie sich aus den unterschiedlichen Ich-Zuständen heraus verhalten. Je konkreter Sie sich Ihr eigenes Verhalten vor Augen führen, desto hilfreicher für Ihre Selbsterkenntnis. Wenden Sie beispielsweise diese Übung auf Ihr Verhalten in Feedback-Gesprächen an. Gibt es möglicherweise einen bevorzugten Ich-Zustand in diesen Unterhaltungen, so dass Sie Muster Ihres Verhaltens erkennen können?

6.2.3 Transaktionen

Das Hin- und Herreichen von Äußerungen nennt Eric Berne „Transaktion". Die Transaktion ist die Grundeinheit der Kommunikation und damit der sozialen Verbindung. Eine Transaktion besteht aus einem Stimulus, das ist die Ansprache einer anderen Person, und einer Reaktion der angesprochenen Person. Entscheidend für das Gelingen der Kommunikation ist dabei, ob die Ich-Zustände, aus denen gesprochen wird, parallel, komplementär, gekreuzt oder verdeckt sind.

Wenn Stimulus und Reaktion aus dem gleichen Ich-Zustand kommen, spricht man von einer **parallelen Transaktion**. Sie ist der unproblematischste Fall einer Transaktion.

> **Beispiel**
> Neuer Mitarbeiter: „Wo finde ich die Bedienungsanleitung für die Heizungsregler?"
> Antwort des erfahrenen Mitarbeiters: „In der Aktenablage im Wartungskoffer."
> In diesem Fall erfolgen beide Aussagen aus dem Erwachsenen-Ich. Ein unerfahrener Mitarbeiter sucht Information. Der erfahrene Mitarbeiter gibt sachgemäß die erforderliche Antwort.

Von einer **komplementär parallelen Transaktion** spricht man, wenn der Stimulus aus einem Kindheits-Ich oder Eltern-Ich kommt und vom Gegenüber im erwarteten korrespondierenden Eltern-Ich oder Kindheits-Ich geantwortet wird. Auch diese Form der Transaktion ist unkritisch für den Verlauf eines Gesprächs.

> **Beispiel**
> Neuer Mitarbeiter: „Ach, Entschuldigen Sie vielmals. Könnten Sie mir eventuell weiterhelfen? Ich weiß überhaupt nicht, wo die Bedienungsanleitung für die Heizungsregler sein könnte."
> Antwort des erfahrenen Mitarbeiters: „Da helfe ich gerne weiter. Sie sind ja neu hier. Geben Sie mir mal den Wartungskoffer unter dem Schreibtisch. Ich zeige Ihnen, wo die Bedienungsanleitung ist."
> Der neue Mitarbeiter spricht unterwürfig und um Hilfe bittend aus dem angepassten Kind-Ich. Der erfahrenere reagiert darauf und erfüllt seine Erwartungshaltung, indem er aus dem unterstützenden Eltern-Ich antwortet. Es kommt zu keiner Konfliktsituation.

Eine **gekreuzte Transaktion** liegt dann vor, wenn die Erwartungshaltung des Sprechers gebrochen wird, d. h. der Gesprächspartner reagiert aus einem anderen Ich-Zustand als angesprochen. Die Kreuztransaktion bedeutet eine Störung in der Kommunikation.

Soll diese erfolgreich behoben werden, muss einer der Gesprächspartner den erwarteten Ich-Zustand wechseln.

> **Beispiel**
> Neuer Mitarbeiter: „Wo finde ich die Bedienungsanleitung für die Heizungsregler?"
> Erfahrener Mitarbeiter: „Woher soll ich das wissen … wahrscheinlich im Internet."
> Die Frage kommt neutral formuliert aus dem Erwachsenen-Ich. Beantwortet wird sie aus dem natürlichen Kind-Ich. Weshalb diese Reaktion aus dem natürlichen Kind-Ich kommt und damit die Erwartungshaltung des neuen Mitarbeiters durchkreuzt, kann ohne weiteres Kontextwissen nicht gesagt werden. Vielleicht ist der erfahrene Mitarbeiter genervt, weil er schon mehrfach diese Auskunft hat geben müssen.

Verdeckte Transaktionen sind schwieriger zu erkennen, da etwas anders gesagt wird, als es gemeint ist. Es liegt also eine Art Codierung der Sprache vor.

> **Beispiel**
> Neuer Mitarbeiter: „Wo finde ich die Bedienungsanleitung für die Heizungsregler?"
> Erfahrener Mitarbeiter: „Haben Sie schon im Wartungskoffer nachgesehen? Wenn niemand ihn verlegt hat, sollte sie dort sein."
> Scheinbar kommt die Antwort aus dem Erwachsenen-Ich. Hinter der ersten Frage verbirgt sich jedoch unterschwellig die Kritik, dass der neue Mitarbeiter sich auch selber informieren könnte.

Zurück zum Fallbeispiel aus dem Verkehrsplanungsbüro: Der Geschäftsleiter möchte, dass die Projektleiterin den Fehler zugibt und die Fakten auf den Tisch legt. Er ist, für sie ungewohnt, im kritischen Eltern-Ich. Sie kennt ihn als partnerschaftlichen Chef. Provoziert durch sein ungewohnt autoritäres Verhalten, passt sie sich jedoch nicht an. Um eine komplementäre Transaktion herzustellen, müsste sie aus dem „angepassten Kind-Ich" antworten. Zunächst tendiert sie auch dazu und räumt Fehler ein. Da sie nicht offen sagt, wodurch die Fehler entstanden sind, versteht der Chef ihr Verhalten nicht. Möglicherweise deutet er ihr zögerndes Verhalten so, als ob sie die Ursachen für ihre Fehler verstecken wolle. Bei ihm entsteht der Eindruck, sie entziehe sich seiner Autorität und verheimliche etwas aus dem natürlichen Kind-Ich heraus. Durch diese Fehleinschätzung kommt es zur Eskalation des Gesprächs. Seine Frage „Meinen Sie etwa, dass ich Dani bevorzuge?" kommt als Stimulus aus dem kritischen Eltern-Ich. Er formuliert die Frage so suggestiv, dass als Reaktion aus dem angepassten Kind-Ich ein „Nein, das tun Sie nicht."

erwartet wird. Die Projektleiterin setzt sich über die suggerierte Antwort hinweg und bejaht seine Frage. Sie antwortet aus dem natürlichen Kind-Ich, wodurch sich eine gekreuzte Transaktion ergibt.

Auch Erwachsene befinden sich nicht ausschließlich im Erwachsenen-Zustand. Diese Einseitigkeit wird auch nicht von der Transaktionsanalyse empfohlen. Die kreative Leistung eines Menschen beispielsweise kann nur im natürlichen Kind-Ich ausgelebt werden. In Gefahrensituationen muss eine Intervention durch das kritische Eltern-Ich möglich sein.

Allerdings bedeutet dies, dass diese Zustandsübergänge bewusst gewollt werden, was nur aus dem steuernden und überlegten Erwachsenen-Ich möglich ist. Viele berufliche Rollen, insbesondere Führungsaufgaben, setzen mehrheitlich ein Handeln im Erwachsenen-Ich voraus (Weber 2006, S. 32). Ein stark ausgebildetes Erwachsenen-Ich benötigt ein ethisches Fundament, das die Basis des eigenen Handelns bildet (Harris 2001, S. 118 und vertieft S. 231–162).

6.2.4   Spiele und Gesprächsmuster

Das Erkennen der Ich-Zustände und der Grundpositionen hilft, spezielle Gesprächskonstellationen zu erkennen, in denen Personen unbewusst eine bestimmte Rolle einnehmen. Bestimmte Anordnungen von Transaktionen laufen immer wieder nach dem gleichen Schema ab. Die Transaktionsanalyse nennt diese Abläufe Skripte. Rüttinger definiert Skripte im Sinne Bernes als einen „unbewussten Lebensplan, der aufgrund von Eltern-Botschaften, die einem Kind sagen, wie ‚man' lebt, zustande kommt" (2005, S. 39). Diese Gesprächskonstellationen wurden wesentlich von Bernes Schüler Claude Steiner geprägt (Steiner 2009, S. 27–35). Grundlegend für das Verständnis dieser unbewussten Muster sind die Begriffe Gefühlsmasche und Spiel. Rüttinger (2005, S. 62) definiert eine Gefühlsmasche als „unechte, taktische Gefühlsreaktion zur Durchsetzung eigener Vorstellungen". Aus diesen wiederkehrenden Mustern heraus entwickeln sich wiederum die sogenannten psychologischen Spiele. Diese weisen die folgenden Elemente auf: Zunächst kommt es oberflächlich zu einem Austausch paralleler Transaktionen mit einer hohen Plausibilität. Gleichzeitig aber kommt es zu einer verdeckten Transaktion. Eine der häufigsten verdeckten Transaktionen in Spielen ist das Verschweigen der ganzen Wahrheit mit dem Ziel, das „Spiel" zu gewinnen. Gewinnen heißt zu zeigen, dass der andere verliert. Oft dienen Spiele auch dem Zeitvertreib oder um beim anderen Beachtung und Bestätigung zu finden (Rüttinger 2005, S. 66).

Berne hat im Laufe seiner Forschungstätigkeit sehr viele unterschiedliche Spielformen identifiziert. Der Titel des Buchs, mit dem er die Transaktionsanalyse einem größeren Publikum bekannt gemacht hat, lautet *Games People Play* (1964). Zu einem der bekanntesten Spiele gehört das Spiel von Retter, Opfer und Verfolger. Das sogenannte Drama-Dreieck ist ein gutes Mittel, Konflikte im Gespräch zu erkennen und ihre Eskalation zu verstehen bzw. rechtzeitig zu beenden.

Abb. 6.3 Das Drama-Dreieck.
(Karpman 1968)

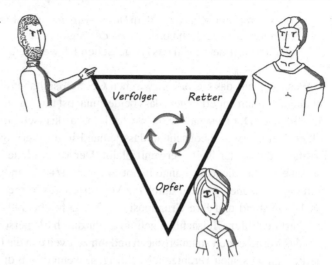

„Ich will Ihnen doch nur helfen" ist beispielsweise die typische Kernaussage eines Retter-Spiels. Die Person sucht nach Anerkennung für sich selber, indem sie dem anderen zeigt, dass er oder sie nicht o.k. ist. Retter-Spiele finden häufig in Form der Statuswippe statt (Kap. 3): Man degradiert andere, um sich selber besser zu fühlen. Sachlich kann etwa ein Teamleiter eine Kollegin fragen, wie weit sie mit der Arbeit sei. Sie kann ihm dazu ganz sachlich antworten, wie lange sie noch braucht und was noch zu tun ist. Emotional kann es aber auch darum gehen, dass der Teamleiter die Unfähigkeit der Kollegin transparent machen will. Sie soll sich schlecht fühlen, weil sie noch nicht fertig ist. Und vielleicht schafft er es, dass sie ein schlechtes Gewissen entwickelt, weil sie sich schon längst mit einem anderen Thema hätte beschäftigen sollen. Sie gerät, sofern sie das Spiel mitspielt, in die Opfer-Rolle.

Abb. 6.3 zeigt eine schematische Darstellung der Rollen im Drama-Dreieck. Der Begriff wurde bereits von Eric Berne verwendet, dann aber vor allem von Stephen Karpman 1968 ausgearbeitet, weshalb man im Englischen auch oft vom „Karpman drama triangle" spricht. Der Retter ist im unterstützenden Eltern-Ich und nimmt eine „+/-"-Grundposition ein. Der Verfolger ist im kritischen Eltern-Ich und nimmt ebenfalls eine „+/-"-Grundposition ein. Das Opfer ist im angepassten Kind-Ich und ist in einer „-/+"-Grundposition. In der Dynamik des Gesprächs werden die Rollen häufiger gewechselt, was zu Störungen der Interaktionen und einer Eskalation des Gesprächs führt.

Jede der drei Rollen wird benötigt, damit das Drama-Dreieck aufrechterhalten bleibt. Das Drama-Dreieck kann auch in einem Dialog entstehen bzw. in einer größeren Gruppe von Menschen. In der Dynamik des Gesprächs können die Rollen gewechselt werden. Wenn niemand eine dieser Rollen einnimmt, kann das Drama-Dreieck auch nicht weiter bestehen.

▶   **Tipp** Ein erster Schritt, aus dem Drama-Dreieck auszubrechen und den Konflikt
beizulegen, ist es deshalb, dass eine der Personen aus ihrer Rolle ausbricht. Dies
gelingt ihr, indem sie in das Erwachsenen-Ich wechselt.

Wenn wir uns das Gespräch zwischen Geschäftsinhaber und Projektleiterin erneut anschauen, können wir erkennen, dass beide zunächst um eine ruhige Klärung des Gesprächs
bemüht sind. Der Geschäftsleiter wechselt in das kritische Eltern-Ich und wird zum Verfolger. Häufig ist zu beobachten, dass jemand in die Verfolger-Rolle geht, weil ihm der
Erfolg in der Retter-Rolle verwehrt bleibt. Der wechselnde Einsatz von Zuckerrohr und
Peitsche ist naheliegend. Lange bleibt in ihrer „+/+"-Grundposition und lässt sich nicht
zum Opfer machen. Gereizt durch die Vorwürfe ihres Vorgesetzten, wechselt auch sie ihren Ich-Zustand und ihre Grundposition. Sie geht ebenfalls in die Verfolger-Rolle und
kritisiert destruktiv. Tatsächlich gelingt es ihr durch die persönlichen Vorwürfe, die Autorität des Vorgesetzten zu untergraben und ihn zeitweise in die Opfer-Rolle zu drängen. Das
merkt man an seinen verdutzten Nachfragen, wenn es um die Arbeit seines Sohnes Dani
geht. Erst mit der bereits interpretierten Suggestivfrage setzt er zum rhetorischen Befrei-
ungsschlag an und versucht, zurück in die Verfolger-Rolle zu gelangen. Mit Abschluss des
Gesprächs deutet sich dann an, dass er nachdenklich wird und mit dem Verlauf des Gesprächs nicht zufrieden ist. Er schickt seine Projektleiterin weg, noch ganz im kritischen
Eltern-Ich. Seine Nachdenklichkeit könnte ein Zeichen dafür sein, dass ein Wechsel ins
Erwachsenen-Ich stattfinden kann. Es ist zu vermuten, dass er nun zu überlegen beginnt,
wie er das Geschehene wieder in den Griff kriegen kann.

Im Fallbeispiel kommt die Einsicht – wenn überhaupt – zu spät. Immerhin bleibt die
Chance gewahrt, dass die nächsten Gespräche nicht wieder in ein psychologisches Spiel
münden. Rüttinger gibt einige Empfehlungen, wie Spiele wirksam beendet werden können (2005, S. 68). Der erste Schritt ist die Erkenntnis, dass überhaupt ein Spiel gespielt
wird. Wer selber aus seiner Rolle aussteigt und ins Erwachsenen-Ich wechselt, kann durch
Fragen und unerwartete Antworten auch der anderen Person, die am Gespräch beteiligt
ist, ein Angebot machen, ihre Rolle zu verlassen. Dann sind die Grundlagen gelegt, die
Beziehungsseite zu klären. Beide Gesprächspartner sind in der Lage, die Verantwortung
für das Gespräch zu übernehmen. Verfolger kommen etwa aus ihrer Rolle, wenn sie negatives Feedback durch positives ersetzen. Wichtig in diesem Fall ist es, den anderen nicht
mehr zu degradieren.

Für Opfer gilt, dass sie ein positives Selbstverständnis entwickeln sollten, um langfristig aus diesen schädlichen Spielen auszubrechen. Verhaltensmuster, die sich seit der
Kindheit automatisiert haben, sind hartnäckig und erfordern eine Menge Geduld.

▶   **Tipp** Neue Verhaltensweisen müssen trainiert werden – so wie Muskeln. Sollten
die Spiele am Arbeitsplatz trotz positiver persönlicher Veränderung nicht abklin-
gen, bringt womöglich nur ein beruflicher Umbruch eine Besserung. Dann ist es
Zeit zu gehen.

Frage: Rollen des Drama-Dreiecks erkennen

Lesen Sie sich die folgenden Situationen durch und kreuzen Sie an, wie Sie reagieren würden. In welcher Reaktion erkennen Sie sich am besten wieder?

1. Ein Kollege stellt Ihnen eine Frage, die Sie ihm vor fünf Minuten bereits beantwortet haben.
   a) Sie antworten erneut, machen ihm aber klar, dass sie ihm damit einen großen Gefallen tun.
   b) Sie sagen ihm höflich, dass er nicht aufmerksam war, und fassen die Antwort erneut kurz zusammen.
   c) Sie antworten schnippisch: „Lass Hirn nachwachsen," und reden dann weiter.
   d) Obwohl sie genervt sind, erklären Sie ihm die Antwort erneut.

2. Ihr Chef kritisiert Sie sehr unsachlich im Meeting.
   a) Sie ärgern sich massiv, dass Sie vor Ihren Kollegen bloß gestellt werden. Sie sagen nichts, denn was können Sie daran schon ändern?
   b) Sie beschweren sich bei der Vorgesetzten Ihres Chefs.
   c) Sie sagen ihm, dass Sie seine Kritik für unsachlich halten.
   d) Sie denken sich, dass er einen schlechten Tag hat und lassen die Sache auf sich beruhen. So helfen sie ihm, dass er sein Gesicht wahrt.

3. Sie sind auf Montageeinsatz. Ihr Back-Office beschwert sich bei Ihnen, dass sie zu wenige Updates über den Arbeitsfortschritt zurückmelden.
   a) Sie melden zerknirscht zurück, dass sie völlig überlastet sind und zu nichts kommen. Sie bitten um Unterstützung.
   b) Sie schreiben den Kollegen genervt zurück, dass Sie sich die Informationen gefälligst selber aus dem System raussuchen sollen.
   c) Sie fragen nach, welche Informationen fehlen würden.
   d) Sie geben den Kollegen zu verstehen, dass es so besser für sie sei.

4. Eine Mitarbeiterin macht viele Kaffeepausen, weshalb sie oft zu spät zu Sitzungen erscheint. Das stört Sie, gerade wenn Sie die Sitzung leiten.
   a) Sie sagen nichts, weil sie nicht als Kontrolleur dastehen wollen.
   b) Sie wollen sie nicht vor den Kopf stoßen und tolerieren die vielen Pausen auch weiterhin.
   c) Sie fragen nach, weshalb sie so viele Pausen macht.
   d) Sie machen ihr klar, dass ihr Verhalten unsozial ist und allen bereits unangenehm aufgefallen ist.

5. Ihr Vorgesetzter trifft seine Entscheidungen sehr schnell. Sie sind nicht immer damit einverstanden.
   a) Sie halten das für unverantwortlich, nur dem Bauchgefühl zu folgen und kritisieren seine Art zu entscheiden als wenig angemessen.
   b) Sie wissen, dass er enorm unter Zeitdruck steht und wollen seinen Spielraum nicht noch weiter einengen.
   c) Sie stellen gezielte Rückfragen, um die Entscheidung zu überprüfen.
   d) Sie zucken mit den Schultern und ziehen mit, auch wenn es Ihnen nicht gefällt.

6.2.5 Überzeugende Veränderung

Das Gespräch zwischen Geschäftsinhaber und Projektleiterin zeigt sehr gut die Dynamik eines Drama-Dreiecks. Die Rollen der Akteure können ständig wechseln. Um ein Drama-Dreieck wirkungsvoll zu durchbrechen, ist es notwendig, dass mindestens einer der Akteure in das Erwachsenen-Ich wechselt. Nur dann können die Wünsche, die sich hinter der Kritik verbergen, ohne Blockaden angenommen werden. Häufig ist es so, dass eine dritte Person, die mit einem Blick von außen auf die Konstellation der Rollen blickt, diese befreiende Auflösung des Drama-Dreiecks einleiten kann.

> Mit etwas Übung gelingt es, dass die Akteure sich ihrer Rollen bewusst werden und ins Erwachsenen-Ich wechseln. Hilfreich für einen gelingenden Übergang ist der Einsatz von Metakommunikation. Die Versprachlichung negativer Gefühle hat einen rationalisierenden und damit auch deeskalierenden Effekt – wenn sie früh genug im Gespräch erfolgt. Ist in einem Gespräch der Point-of-no-Return erreicht, helfen auch diese Strategien nicht mehr weiter. Dann ist der vorläufige Abbruch des Gesprächs eine Möglichkeit, dass der Konflikt nicht weiter eskaliert.

Der Wechsel ins Erwachsenen-Ich bedeutet jedoch nicht, dass die Kritik in der Sache verharmlost wird. Fehler bleiben Fehler und müssen als solche angesprochen werden. Dies kann gelingen, wenn Sache und Person bewusst getrennt werden. Dann kann die Kritik besser angenommen und eine verbindliche Vereinbarung über das weitere Vorgehen getroffen werden.

Einen Fehler einzugestehen, ist emotional nicht einfach. Weber (2006, S. 44) erläutert in seinem Praxisleitfaden für Führungskräfte, wie dank Verfahrensgerechtigkeit die Akzeptanz gesteigert werden kann. Mit Verfahrensgerechtigkeit meint Weber die Art und Weise, mit der die Kritik formuliert wird. Ihr kommt eine ebenso große Bedeutung zu wie dem angestrebten Ergebnis. Wird das Verfahren vom Kritisierten als subjektiv ungerecht empfunden, ist es wahrscheinlich, dass auch das Ergebnis, die Kritik und die möglichen Konsequenzen daraus, zu negativen Emotionen führen. Das Ergebnis wird nicht angenommen. Die Schwierigkeit besteht nun darin, herauszufinden, wie ein Gesprächspartner bewusst Verfahrensgerechtigkeit herstellen kann.

Werden die Kriterien der Verfahrensgerechtigkeit berücksichtigt, kann sowohl angemessen auf die Persönlichkeit wie auch auf den situativen Kontext eingegangen werden (Weber 2006, S. 44).

Aus formaler Sicht dienen folgende Punkte dem Herstellen von Verfahrensgerechtigkeit:

- Die Betroffenen werden als Beteiligte angesprochen. Sie können die Situation aus ihrer Sicht schildern und Einfluss nehmen.
- Das Gespräch wird mit größtmöglicher Objektivität und Unabhängigkeit durchgeführt.
- Die Entscheidungsverantwortlichen besitzen kein eigenes Interesse am Ergebnis und verhalten sich so unparteiisch wie nur möglich.
- Informationen müssen gesichert sein.
- Die Gesprächsführung folgt ethischen Grundsätzen. List oder Vortäuschung von Empathie haben keinen Platz in kritischen Gesprächen.
- Den Beteiligten wird der Prozess bekannt gemacht. Verlauf und Aufbau des Gesprächs sowie nachfolgende Schritte beispielsweise folgen einem Standard. Dazu gehört bei einem Kritikgespräch etwa die Einhaltung bestimmter arbeitsrechtlicher Standards, wie Ankündigung einer Abmahnung oder Einspruchsfristen bei einer betriebsbedingten Versetzung.

Außerdem ist der persönliche Bezug zwischen den Gesprächspartnern dafür ausschlaggebend, dass Verfahrensgerechtigkeit als authentisch empfunden wird. Dieser wird durch eine konstruktive und integre Gesprächsführung erreicht, die Rücksicht auf die Gefühle und die Stimmung des Gesprächspartners nimmt.

Entscheidend dafür ist nicht nur das Gespräch selber, sondern auch die Vereinbarung, die am Ende eines solchen Gesprächs steht. Jede Veränderung braucht Zeit. Von daher steht und fällt die Glaubwürdigkeit eines Gesprächspartners damit, dass die Schritte nicht nur gemeinsam vereinbart werden, sondern dass es zu einer regelmäßigen Rückmeldung kommt. So kann ein Änderungsprozess wirkungsvoll unterstützt und die persönliche Zusammenarbeit dauerhaft verbessert werden.

Wer Neues oder Ungewohntes ausprobiert, geht das Risiko ein, Fehler zu begehen. Diese bilden die Grundlage für zukünftiges Lernen. So kann Kritik, die angemessen auf emotionale Reaktionen Rücksicht nimmt, langfristig zu Einsicht und Förderung führen.

6.2.6   Eine zweite Chance für die Kritik

Im folgenden Gespräch nimmt sich der Geschäftsleiter vor, sich auf das Kritikgespräch vorzubereiten. Zwar ärgert er sich über den unerwarteten Anruf seines Auftraggebers, was ihn aber nicht davon abhält, sich als Führungskraft genau zu überlegen, wie er im folgenden Gespräch vorgehen möchte. Zurück an seinem Arbeitsplatz, ruft er die Projektleiterin an und vereinbart mit ihr ein Meeting in einer halben Stunde, um mit ihr die Gründe für die Verzögerungen herauszufinden. Er ist sich bewusst, dass er momentan in einem emotional aufgewühlten Zustand ist und deshalb seine Gedanken erst ordnen muss. Er informiert Monika Lange über den Anlass und die Zielsetzung des Gesprächs. Diese Offenheit macht es ihr möglich, sich ebenfalls vorzubereiten. So kann er sie mit seiner Kritik nicht mehr überrumpeln. Beide können sich im Erwachsenen-Ich begegnen. Lange empfindet das Gespräch jederzeit als fair und transparent.

Nach der halben Stunde Vorbereitung treffen sich beide im Besprechungsraum:

Jürg Kaufmann	Guten Tag, Frau Lange. Toll, dass es gleich geklappt hat mit dem Termin. Beim heutigen Meeting möchte ich mit Ihnen über das Projekt „Quartierentwicklung Sennenbüel" sprechen. Unser Auftraggeber hat mich vorhin angerufen und gesagt, dass es Verzögerungen gegeben hat. Dürfte ich Sie bitten, die Situation aus Ihrem Blickwinkel zu schildern?
Monika Lange	Ja, da muss ich dem Kunden recht geben, leider gab es bei den CADs einige Verzögerungen. Ich kann nachvollziehen, dass Sie sich nun Sorgen machen. Darum suche ich schnellstmöglich nach einer Lösung.
Jürg Kaufmann	Sie sagen also, dass es wirklich Verzögerungen unsererseits gab. Möchten Sie mir die Gründe dafür nennen?
Monika Lange	*Zerknirscht* Herr Kaufmann, dafür muss ich wohl die Verantwortung übernehmen. Ein Mitarbeiter hat seine Zeichnungen nicht termingerecht erledigt und deshalb wurde der Termin nicht eingehalten. Ich hätte einfach früher reagieren sollen.
Jürg Kaufmann	*Nachdenklich* Der Termin wurde nicht eingehalten. Das ist nicht gut und ärgert mich. Fehler passieren! Wichtig ist einfach, dass wir aus diesem Fehler lernen, denn Mehrkosten im Projekt können wir uns nicht leisten. Was ist denn passiert?
Monika Lange	Herr Kaufmann, ich wollte Ihnen das eigentlich nicht mitteilen, aber wenn Sie schon so direkt fragen … Wir haben leider momentan einige Unstimmigkeiten im Team … wegen Dani.
Jürg Kaufmann	Wegen Dani?
Monika Lange	Ja, wegen Dani. Es ist nun leider bereits öfters vorgekommen, dass er seine Zeichnungen unzuverlässig und fehlerhaft abgeliefert hat. Die anderen Mitarbeiter mussten das gerade biegen, was zu Mehrarbeit geführt hat. Ich habe bereits einige Male mit ihm gesprochen, aber es hat sich nichts geändert.
Jürg Kaufmann	Das ist komisch. Womöglich trete ich Ihnen jetzt zu nahe und Sie denken, dass ich Ihnen nicht glaube, wenn ich sage, dass mein Sohn bei mir seine Arbeit immer tadellos ausgeführt hat. Darum bin ich froh, dass Sie mir dies offen und ehrlich mitteilen. Das schätze ich sehr.

Monika Lange	Doch, das glaube ich Ihnen gerne, dass er diese anderen Arbeiten einwandfrei erledigt hat. Sie hatten jedoch oft auch nichts mit Verkehrsplanung zu tun, und ich denke, Sie haben doch einen anderen Status. Bei mir hat er möglicherweise die Grenzen austesten wollen.
Jürg Kaufmann	Dass dies bei anderen Vorgesetzten nicht so ist, war mir nicht bewusst. Es ist aber auch keine Lösung, wenn immer ich ihn kontrollieren muss. Meine Frau und ich haben damit schon zu Hause genug zu tun. Was schlagen Sie vor?
Monika Lange	Ich verstehe Ihre Situation und dass diese nicht einfach ist. Ich denke, es wäre eine gute Idee, ihn möglichst bald zu zweit auf seine Arbeitsweise anzusprechen. Notfalls müssten wir ihm stärker vor Augen führen, welche Konsequenzen sein Tun hat.
Jürg Kaufmann	Ich bin mir sicher, dass er nach dem Gymnasium nicht auch noch das Praktikum schmeißen will. Und wenn, dann darf dies nicht auf die Firma zurückfallen. Ja, lassen Sie uns gemeinsam mit ihm sprechen. Dann weiß er, dass Sie meine volle Rückendeckung haben, und, bitte, melden Sie sich früh genug, wenn sich die Situation nicht bessert.
Monika Lange	Darüber bin ich froh. Ich hätte einfach viel früher zu Ihnen kommen sollen.
Jürg Kaufmann	Ja, so ist es. Da sind wir uns absolut einig. Und ich habe gelernt: Seine Bachelorarbeit sollte Dani in einem anderen Betrieb schreiben.

Dieses Gespräch endet mit einer Absichtserklärung: Die Projektleiterin erkennt ihren Fehler, der Vorgesetzte seinen Rollenkonflikt. Der Anlass des Kritikgesprächs ist damit noch nicht behoben. Die Versäumnisse im Projekt müssen aufgeholt werden. Ein Termin für das gemeinsame Kritikgespräch mit dem Sohn des Geschäftsleiters muss abgemacht werden. Dieses erfordert eine sehr gute gemeinsame Vorbereitung, damit dieser den Rollenkonflikt seines Vaters nicht zu seinen Gunsten ausspielt. Des Weiteren müssen beide Vorgesetzten ihrem Praktikanten die Konsequenzen seines Tuns aufzeigen und sich in der Folge des Gesprächs auch daran halten. Wie bei jedem Kritikgespräch, das positiv endet, kommt der größere Teil der Arbeit erst dann, wenn das Gespräch beendet ist. Wer die Nachverfolgung eines Kritikgesprächs ernst nimmt, wird sich über den Lerneffekt langfristig freuen können.

Ein Kritikgespräch ist eine Chance zur Weiterentwicklung, wenn auch eine anstrengende:

- Gute Kritikgespräche nehmen bei der Definition des Anlasses, der Ziele, des Ortes und des Zeitpunkts Rücksicht auf die Bedürfnisse beider Parteien.
- Beide Parteien müssen sich gut vorbereiten.
- Beobachtungen und Vorschläge wirken positiver als Vorwürfe.
- Bewertungen haben im Kritikgespräch ihren Platz, sollten als solche explizit kenntlich gemacht werden.

- Es ist unrealistisch, negative Emotionen zu unterdrücken. Sie sind Teil unserer Persönlichkeit.
- Die Methoden der Transaktionsanalyse helfen, typische negative Emotionen zu erkennen, zu reflektieren und eine Änderung dann anzustreben, wenn sie dauerhaft die Kommunikationsfähigkeit einer Person beeinträchtigen.
- Kritik wird im Ergebnis positiver angenommen, wenn die betroffene Person den Eindruck hat, dass das Verfahren subjektiv gerecht ist.
- Eine gewissenhafte Nachverfolgung festigt die gewünschte Veränderung.

6.3   Lösungsvorschläge zu den Fragen

Ich-Botschaft formulieren

Beispielhaft wird in dieser Lösung die Aussage Jürg Kaufmanns erläutert: „Bei Ihnen liegt letztlich die Verantwortung und Sie haben versagt. Sie sind einer solchen Aufgabe also immer noch nicht gewachsen. Als ich anfing, wäre ich froh und dankbar gewesen, ich hätte so tolle Projekte mit dieser Art von Verantwortung leiten dürfen."

Diese Äußerung enthält mehrere Vorwürfe. Bereits die vorangehenden Aussagen Kaufmanns sind in vorwurfsvollen Ton gehalten (z. B. „Wo bleiben Ihre Führungsfähigkeiten?"). Das Verb „versagen" enthält eindeutig eine negative Bewertung der Arbeitsleistung. Die Bewertung wird zudem dazu genutzt, eine Wertung der Person als Ganzes vorzunehmen („einer solchen Aufgabe also immer noch nicht gewachsen"). Gleichzeitig wird die Bewertung noch negativer wahrgenommen, weil Kaufmann die Angestellte mit sich selber vergleicht – und sie schlecht dabei wegkommt.

Diese bewertende Darstellung führt bei Monika dazu, dass sie die Sachebene verlässt und emotional auf die Äußerungen reagiert. Sie fühlt sich angegriffen und geht nun selber zum Angriff über. Obwohl sie die schwache Arbeitsweise des Sohnes nicht als Argument bringen wollte, antwortet sie auf der Beziehungsebene.

Die ursprüngliche Äußerung könnte folgendermaßen in eine vollständige Ich-Botschaft verändert werden:

Beobachtung:	„Der Termin wurde nicht eingehalten."
Bewertung/Gefühle:	„Das ist nicht gut und ärgert mich."
Bedürfnis:	„Fehler passieren. Wichtig ist einfach, dass wir aus diesem Fehler lernen, denn Mehrkosten im Projekt können wir uns nicht leisten."
Wunsch:	„Was genau ist denn passiert?"

Der Wunsch wird als Frage nach mehr Information formuliert, um die Gründe für die Verzögerung zu erfahren. Monika Lange wird nicht angegriffen. Es geht vielmehr darum, auf der Sachebene nach den Gründen für die Fehlentwicklung zu suchen. So geführt, wird das Gespräch kaum eskalieren.

Die Rollen des Drama-Dreiecks im Gespräch

Die folgenden Zuordnungen der Reaktionen auf die jeweilige Rolle des Drama-Dreiecks erscheinen plausibel. Je nach Ihrer eigenen Erfahrung und dem jeweiligen Kontext ist es auch möglich, dass Sie zu anderen Zuordnungen kommen können. Gerade die Kürze und Enge der dargestellten Gesprächskonstellationen – so fehlen manchmal paraverbale und nonverbale Hinweise – ist zugespitzt und erlaubt durchaus unterschiedliche subjektive Deutungsmöglichkeiten.

1. Ein Kollege stellt Ihnen eine Frage, die Sie ihm vor fünf Minuten bereits beantwortet haben.
   a) Sie antworten erneut, machen ihm aber klar, dass sie ihm damit einen großen Gefallen tun (Retter-Rolle).
   b) Sie sagen ihm höflich, dass er nicht aufmerksam war, und fassen die Antwort erneut kurz zusammen (keine Rolle).
   c) Sie antworten schnippisch: „Lass Hirn nachwachsen," und reden dann weiter (Verfolger-Rolle).
   d) Obwohl sie genervt sind, erklären Sie ihm die Antwort erneut. (Opfer-Rolle)
2. Ihr Chef kritisiert Sie sehr unsachlich im Meeting.
   a) Sie ärgern sich massiv, dass Sie vor Ihren Kollegen bloß gestellt werden. Sie sagen nichts, denn was können Sie daran schon ändern? (Opfer-Rolle)
   b) Sie beschweren sich bei der Vorgesetzten Ihres Chefs (Verfolger-Rolle).
   c) Sie sagen ihm, dass Sie seine Kritik für unsachlich halten (keine Rolle).
   d) Sie denken sich, dass er einen schlechten Tag hat und lassen die Sache auf sich beruhen. So helfen sie ihm, dass er sein Gesicht wahrt (Retter-Rolle).
3. Sie sind auf Montageeinsatz. Ihr Back-Office beschwert sich bei Ihnen, dass sie zu wenige Updates über den Arbeitsfortschritt zurückmelden.
   a) Sie melden zerknirscht zurück, dass sie völlig überlastet sind und zu nichts kommen. Sie bitten um Unterstützung (Opfer-Rolle).
   b) Sie schreiben den Kollegen genervt zurück, dass Sie sich die Informationen gefälligst selber aus dem System raussuchen sollen (Verfolger-Rolle).
   c) Sie fragen nach, welche Informationen fehlen würden (keine Rolle).
   d) Sie geben den Kollegen zu verstehen, dass es so besser für sie sei (Retter-Rolle).
4. Eine Mitarbeiterin macht viele Kaffeepausen, weshalb sie oft zu spät zu Sitzungen erscheint. Das stört Sie, gerade wenn Sie die Sitzung leiten.
   a) Sie sagen nichts, weil sie nicht als Kontrolleur dastehen wollen (Opfer-Rolle).
   b) Sie wollen sie nicht vor den Kopf stoßen und tolerieren die vielen Pausen auch weiterhin (Retter-Rolle).
   c) Sie fragen nach, weshalb sie so viele Pausen macht (keine Rolle).
   d) Sie machen ihr klar, dass ihr Verhalten unsozial ist und allen bereits unangenehm aufgefallen ist (Verfolger-Rolle).

5. Ihr Vorgesetzter trifft seine Entscheidungen sehr schnell. Sie sind nicht immer damit einverstanden.

   a) Sie halten das für unverantwortlich, nur dem Bauchgefühl zu folgen und kritisieren seine Art zu entscheiden als wenig angemessen (Verfolger-Rolle).

   b) Sie wissen, dass er enorm unter Zeitdruck steht und wollen seinen Spielraum nicht noch weiter einengen (Retter-Rolle).

   c) Sie stellen gezielte Rückfragen, um die Entscheidung zu überprüfen (keine Rolle).

   d) Sie zucken mit den Schultern und ziehen mit, auch wenn es Ihnen nicht gefällt (Opfer-Rolle).

Literatur

Abteilung Automatische Sprachverarbeitung, Universität Leipzig (2011). Feedback. *Deutscher Wortschatz*. Leipzig. http://corpora.uni-leipzig.de/en?corpusId=deu_newscrawl_2011. Zugegriffen: 7. Juli 2017.

Bay, R. H. (2006). *Erfolgreiche Gespräche durch aktives Zuhören* (5. Aufl.). Renningen: expert.

Benien, K. (2010). *Schwierige Gespräche führen: Modelle für Beratungs-, Kritik- und Konfliktgespräche im Berufsalltag* (7. Aufl.). Reinbek bei Hamburg: Rowohlt.

Berne, E. (1964). *Games people play. The basis handbook of transactional analysis*. New York: Ballantine.

Clark, H. H. (1996). *Using language*. Cambridge; New York: Cambridge University Press.

Dudenredaktion (2017). professionell. Duden online. http://www.duden.de/rechtschreibung/professionell. Zugegriffen: 13. Sept. 2017.

Ekman, P. (2011). *Gefühle lesen: wie Sie Emotionen erkennen und richtig interpretieren* (2. Aufl.). Heidelberg: Spektrum.

Ernst, F. (1981). OK corral – grid for what's happening. Acceptance speech Eric Berne memorial scientific award, Boston. http://ernstokcorral.com/Publications/1981 EBA Speech.pdf. Zugegriffen: 13. Sept. 2017.

Gordon, T., & Edwards, W. S. (1995). *Making the patient your partner. Communication skills for doctors and other caregivers*. Westport: Greenwood Publishing Group.

Harris, T. A. (2001). *Ich bin ok, Du bist ok: wie wir uns selbst besser verstehen und unsere Einstellung zu anderen verändern können ; eine Einführung in die Transaktionsanalyse* (36. Aufl.). Reinbek bei Hamburg: Rowohlt.

Karpman, S. (1968). Fairy tales and script drama analysis. *Transactional Analysis Bulleting, 26*(7), 39–43.

Rosenberg, M. B. (2005). *Gewaltfreie Kommunikation: eine Sprache des Lebens ; gestalten Sie Ihr Leben, Ihre Beziehungen und Ihre Welt in Übereinstimmung mit Ihren Werten*. Paderborn: Junfermann.

Rüttinger, R. (2005). *Transaktions-Analyse* (9. Aufl.). Frankfurt: Recht und Wirtschaft.

Schüür-Langkau, A. (2015). Unternehmen wollen Ja-Sager. *springerprofessional.de*. https://www.springerprofessional.de/innovationsmanagement/unternehmen-wollen-ja-sager/6599756. Zugegriffen: 13. Sept. 2017.

Steiner, C. (2009). *Wie man Lebenspläne verändert. Die Arbeit mit Skripts in der Transaktionsanalyse* (12. Aufl.). Paderborn: Junfermann.

Stewart, I., & Joines, V. (1996). *Die Transaktionsanalyse: eine neue Einführung in die TA; mit zahlreichen Übungen und Hinweisen für die Praxis* (6. Aufl.). Freiburg im Breisgau: Herder.

Weber, P. (2005). Das Schlechte-Nachrichten-Gespräch. *Organisationsberatung, Supervision, Coaching, 12*(1), 31–40.

Weber, P. (2006). *Schwierige Gespräche kompetent bewältigen: Kritik-Gespräch, Schlechte-Nachrichten-Gespräch; ein Praxisleitfaden für Führungskräfte*. Lengerich: Pabst Science.

Nun bleib doch mal sachlich – Mit Denk- und Gefühlsverboten umgehen

7

Zusammenfassung

Wenn die Beziehungsseite gestört ist, kann nicht mehr sachlich, wertschätzend und respektvoll miteinander umgegangen werden. In solchen Situationen werden häufig Denk- und Gefühlsverbote ausgesprochen. Diese sollen das Gespräch vordergründig wieder auf eine inhaltliche Ebene zwingen. Doch solange unbearbeitete Emotionen im Raum stehen, wird es nicht möglich sein, ein Gespräch lösungsorientiert fortzuführen. Um zu zeigen, wie dies doch gelingen kann, werden in diesem Kapitel die Elemente der kooperativen Gesprächsführung zusammengefasst.

7.1 Störungen im Gespräch

Bei einem mittelgroßen Werkzeughersteller arbeiten die Konstrukteure und die Metallbauer im Normalfall eng zusammen. In diesem KMU erstellen die Konstrukteure die Pläne für neue Werkzeuge und die Metallbauer setzen diese Pläne dann um. Der Konstrukteur Luca Bianchi ist Ende 20 und seit zwei Jahren in der Firma. Er hat eine gute technische Ausbildung und Arbeitserfahrung. Eigentlich würde er lieber im Management des KMU arbeiten. Oft hat er den Eindruck, dass er als Einziger erkannt hat, dass die Wünsche der Kunden absolute Priorität genießen sollten. Oft ärgert er sich, dass gerade die alten Hasen in der Firma das nicht verstehen. Am schlimmsten ist in seinen Augen der Metallbauer Andreas Werker, denn dieser hat den Grundsatz „Der Kunde ist König" immer noch nicht verinnerlicht.

Der Metallbauer Andreas Werker ist schon seit 30 Jahren in der Unternehmung. Er verfügt über einen beinahe unendlichen Erfahrungsschatz und arbeitet äußerst gewissenhaft. Mit den jungen Konstrukteuren, die immer nur schnell ein Werkzeug fertig haben wollen, aber sich viel zu wenig Gedanken über die perfekte Ausführung machen, hat er ziemliche Probleme. Am schlimmsten ist in seinen Augen dabei Luca Bianchi – ein typischer Verkäufer. Es ärgert Andreas Werker, dass dieser den Kunden alles verspricht, ohne vorher mit den Metallbauern abzuklären, ob die Vorstellungen der Kunden überhaupt umsetzbar sind. So sieht Andreas Werker die Qualität seiner Werkzeuge gefährdet.

Im vorliegenden Fall erhielt Luca Bianchi von der Verkaufsabteilung den Auftrag, mit einem Kunden ein neues Werkzeug zu entwickeln. Aus der Zusammenarbeit mit dem Techniker des Kunden sind die ersten Zeichnungen entstanden, die Luca Bianchi dem Metallbauer Andreas Werker zur Ausführung gegeben hat. Dieser kommt nun zu Bianchi ins Büro, weil er noch ein paar Fragen hat.

Metallbauer Andreas Werker	Morgen, Luca. Ich habe soeben den neuen Auftrag mit deinen Zeichnungen erhalten. Die Zeichnungen lassen natürlich wieder mal Fragen offen. Die wollte ich mit dir anschauen.
Konstrukteur Luca Bianchi	Ja, dann schauen wir es halt schnell an.

7.1.1   Ich bin o.k. – du bist nicht o.k.

Schon der Gesprächseinstieg ist negativ geprägt. Dies ist gerade in Situationen, die konfliktbehaftet sind, kontraproduktiv. Der Metallbauer Andreas macht in der ersten Aussage mit *natürlich wieder mal* bereits klar, wie wenig er vom Konstrukteur Luca hält. Er befindet sich in einer Ich bin o.k. – du bist nicht o.k. Haltung (Kap. 6). Damit ist eine konstruktive Verständigung beinahe von Anfang an unmöglich. Der in Kap. 6 beschriebene Ansatz von Harris (2015, S. 54–72) bezieht solche Grundpositionen auf die generelle Lebensanschauung, die ein Individuum prägen und auf die sich ein Mensch immer wieder rückbezieht. Der Ansatz kann aber auch auf einzelne Interaktionen übertragen werden. Metallbauer Andreas hat vielleicht nur gegenüber Konstrukteur Luca die Einstellung Ich bin o.k. – du bist nicht o.k. Diese Einstellung speist sich aus den Erfahrungen, die die Zusammenarbeit bisher gebracht hat. Beide priorisieren ihre Arbeit vollkommen anders. Aber in einer Sache sind sie sich einig: Sie halten nichts voneinander. Auch die Antwort von Konstrukteur Luca zeigt, dass er seinerseits eine Ich bin o.k. – du bist nicht o.k. Haltung verfolgt. Allein die Wortwahl von *schnell* in diesem Zusammenhang macht deutlich, wie wenig ernst er die Fragen von Metallbauer Andreas nimmt. Obwohl die Reaktion von Konstrukteur Luca nicht optimal ist, ist sie nachvollziehbar. Jeder Mensch achtet auf die Bewertung von anderen. Erst durch das unbewusst gegebene Feedback können wir unser Verhalten einschätzen. Eine so übergreifende, an die Persönlichkeit von Luca gerichtete Geringschätzung kann zu nichts anderem als Reaktanz führen. Birkenbihl (2015, S. 23) betont die Wichtigkeit einer Ich bin o.k. – du bist o.k.-Haltung: „Optimal kommunizieren heißt: das Selbstwertgefühl des anderen achten." Lucas starke Kundenorientierung motiviert ihn, seine Arbeit gut zu erledigen. Aus dieser Motivation speist sich sein Selbstwertgefühl. Schon allein deshalb muss er den Angriff darauf abwehren.

Die Grundposition, die Metallbauer Andreas und Konstrukteur Luca zueinander haben, erweist sich demnach als Hindernis bei der Lösungsfindung. Beide fühlen sich ihrem Gesprächspartner überlegen. Gerade in schwierigen Gesprächssituationen sollte unbedingt eine Ich bin o.k. – du bist nicht o.k.-Haltung vermieden werden. Eine solche Gesprächshaltung lässt das Gespräch schnell in einen Positionskampf (siehe Patton et al. 2015) abgleiten. Es geht nicht mehr um die Lösung oder die Sache, sondern darum, wer die Oberhand behält oder wer im Recht ist. Das Gespräch hat sich damit von Anfang an auf die Beziehungsseite (Kap. 3) verlagert.

Die Grundpositionen, die die Gesprächspartner zueinander haben, sind unter anderem auch in der Wortwahl erkennbar. Vielleicht ist es richtig oder wahr, dass Konstrukteur Luca die Fragen von Andreas schnell lösen möchte oder auch lösen kann, dennoch kann mit der Wahl des Wortes schnell eine Geringschätzung des Gesprächspartners zu Grunde liegen. Andreas Werker könnte dies nämlich so auffassen, dass sich Luca eigentlich nicht mit seiner Frage beschäftigen möchte und ihn *schnell* wieder loshaben will. Eckert beschreibt, dass bei der Wahl einer Formulierung die Situation, das Thema und der Gesprächspartner berücksichtigt werden müssen (2012, S. 66). Der Sprecher sollte sich also immer die Frage stellen, ob seine Aussagen angemessen und nützlich für den Fortgang des Gesprächs sind. Luca sollte sich also bewusstmachen, dass er Andreas so nicht abspeisen kann. Selbst, wenn er glaubt, dass er Andreas Problem schnell lösen kann, sollte er es wertschätzender formulieren. Ein Beispiel könnte sein: Ich nehme mir gern Zeit für dich, vielleicht können wir deine Frage ja schnell lösen. Auch hier ist das schnell vorhanden, aber da es mit gerne Zeit nehmen verbunden ist, kommt es ganz anders an.

Frage: Wortwahl zum Ausdrücken der Grundpositionen

Ihr Teamkollege fragt Sie, ob die Ersatzteile schon heute oder erst morgen bestellt werden sollen.

Welche Möglichkeiten haben Sie, auszudrücken, dass Sie keine Präferenzen zwischen den beiden Alternativen haben? Wie wirken die Antworten auf Sie?

Wie im weiteren Verlauf des Gesprächs zu sehen ist, ist die fehlende Respekt jedoch nicht die einzige Störung, die zu Tage tritt:

Metallbauer Andreas	*Bestimmt.* Das Werkzeug, das du gezeichnet hast, ist so nicht herzustellen. Du weißt doch, dass die Toleranzen unserer Maschinen das nicht hergeben.
Konstrukteur Luca	Immer kommst du mit demselben Gejammer und mit Änderungswünschen. Aber ich habe bereits mit dem Kunden Rücksprache gehalten und das Werkzeug muss so gefertigt werden.
Metallbauer Andreas	*Empört.* Du kannst doch nicht mit dem Kunden Abmachungen treffen, ohne mich mit einzubeziehen!

Konstrukteur Luca *Ärgerlich.*
Doch, das kann ich sehr wohl. Bis jetzt hast du jedes Mal unnötige Änderungen an meinen Zeichnungen vorgeschlagen. Du willst es dir immer möglichst einfach machen.

Metallbauer
Andreas
Du verstehst einfach nicht, wie man dieses Werkzeug fertigen muss. Dir fehlt doch allgemein das Knowhow über die Fertigung. Das ist auch der Grund, weshalb ich immer wieder Änderungen an den Zeichnungen vorschlagen muss.

Konstrukteur Luca Was gibt dir das Recht, meine Kompetenzen in Frage zu stellen? Ich muss auf die Bedürfnisse der Kunden eingehen, da kann ich es dir nicht auch noch möglichst einfach machen. Da musst du dir halt mal deinen Dickkopf zerbrechen. Würde ich nämlich immer nur auf deine Wünsche eingehen, dann könnten wir nur noch Mistgabeln produzieren.

7.1.2 Du-Botschaften

Erinnert Sie dieses Gespräch an einen Boxkampf? Der Schlagabtausch zwischen den beiden hat nicht das Geringste mit der Lösung des Problems zu tun. Das Problem besteht darin, ein Werkzeug zu entwickeln, das den Kundenwünschen entspricht und mit den Toleranzen der vorhandenen Maschinen machbar ist. Konstrukteur Luca und Metallbauer Andreas denken aber gar nicht mehr an eine Lösung. Beiden geht es darum, die Vormachtstellung zu behalten. Beide wollen im Recht sein. Die Suche nach der besten Lösung wird so überlagert vom Bedürfnis sich gegenüber dem Anderen auszuzeichnen, selber voranzukommen und sich selber zu bestätigen. Sowohl Luca als auch Andreas formulieren ausschließlich Du-Botschaften (Kap. 3). Diese sollen die eigene Position festigen, indem sie die Position des anderen schwächen. Es hagelt Vorwürfe und Beleidigungen. Du-Botschaften greifen den Gesprächspartner stark in seinem Selbstwertgefühl an. Die Statuswippe kippt, vgl. Kap. 3. Indem der eine sich erhöht, wird der andere erniedrigt. Dabei sind Du-Botschaften das Mittel der Wahl, um den anderen zu erniedrigen. Der Konstrukteur Luca sieht zunächst nur zwei Möglichkeiten: Klein beigeben oder zurück schlagen. Er entscheidet sich für das Zurückschlagen – schließlich will er selbst auf der Statuswippe oben sitzen. So schiebt einer dem anderen die Schuld zu.

Könnte sich einer von beiden von diesem Positionsgerangel lösen, würde eine Lösung in greifbare Nähe rücken.

Du-Botschaften befassen sich nicht mehr mit der Lösung des Problems, sondern machen den anderen zum Problem. Eigentlich haben nämlich beide ein rein fachliches Problem. Das Problem des Metallbauers Andreas ist, dass er das Werkzeug so nicht herstellen kann und Lucas Problem ist, dass er den Kunden zufriedenstellen will. Mit der Äußerung „Du weißt doch, dass das die Toleranzen unserer Maschinen nicht hergeben" lenkt Andreas von seinem Problem ab und kann beispielsweise zum Ausdruck bringen: „Du bist das Problem, weil du mal wieder nicht nachdenkst." Luca kontert im selben Stil und stellt wiederum klar, dass Andreas das Problem ist. Mit der Aussage „Immer kommst du mit demselben Gejammer und mit Änderungswünschen" weist er die (vielleicht berechtigte) Beschwerde zurück.

> Du-Botschaften tragen nicht zur Lösung eines Problems bei, da sie den anderen zum Problem machen und so von der konstruktiven Lösung ablenken.

Luca Bianchi und Andreas Werker sind in einer Negativspirale gefangen. Fehlende Wertschätzung, Positionskämpfe und Vorwürfe dominieren die Situation. Doch es kommt noch schlimmer:

Metallbauer Andreas Werker	Das ist doch alles Unsinn, was du da sagst. Mir geht es gar nicht um eine Vereinfachung. Mir geht es vor allem darum, dass du Änderungen mit mir besprichst. Ich werde hier komplett übergangen.
Konstrukteur Luca Bianchi	Übergangen? Wenn ich dich mit einbeziehe, dann wird das ja nie was. Du hast nämlich noch nicht verstanden, dass sich die Zeiten geändert haben. Wir müssen uns nach den Kunden richten.
Metallbauer Andreas Werker	Geht's noch? Sowas ist hier ganz klar geregelt. Es gibt Vorschriften, dass du mich mit einbeziehen musst. Darüber kannst du dich nicht einfach hinwegsetzen. Deine Änderungen sind jedes Mal nur mit einem Riesenaufwand hinzubekommen.
Konstrukteur Luca Bianchi	Ach komm, jetzt bleib mal sachlich. Das bringt doch alles nichts. Lass uns das wie Erwachsene klären. Zieh doch einfach die Änderungen durch.
Metallbauer Andreas Werker	Nein. Mir reicht es langsam wirklich mit dir. Hast du überhaupt zugehört? Falls nicht, sage ich es dir jetzt in aller Deutlichkeit: Such dir einen anderen Depp.

In der ersten Äußerung dieses Abschnitts macht Metallbauer Andreas klar, dass er sich nicht genügend in den Entwicklungsprozess eingebunden fühlt. Konstrukteur Luca hat dieses Bedürfnis ignoriert. Er nimmt nur den Appell und die Beziehungsseite, vgl. Kap. 3, wahr. Doch vielleicht hat Andreas Werker die Selbstoffenbarung in den Vordergrund gestellt. In dem Fall würde er lediglich deutlich machen, dass er eingebunden werden möchte. Luca Bianchi macht sich keine Gedanken, welche Gefühle in den Aussagen von Andreas mitschwingen. Die fehlende Empathie führt allerdings nicht dazu, dass sich Luca mit seinen Vorstellungen durchsetzen kann. Stattdessen verschlimmert er die Situation, weil auch Andreas immer sturer reagiert, um sein Gesicht zu wahren.

Wie hätte Konstrukteur Luca diese unerfüllten Bedürfnisse erkennen können? Werfen wir einen Blick zurück auf das Modell der Transaktionsanalyse (Kap. 6) und kombinieren dieses mit dem Modell der Vier Seiten einer Nachricht (Kap. 3). Kind-Ich-Zustände sind davon geprägt, dass sie Gefühle und Stimmungen ausdrücken. Sie können also tendenziell als Selbstoffenbarung gedeutet werden. In der ersten Aussage spricht Metallbauer Andreas davon, wie er sich fühlt. Er sagt somit etwas über sich selbst aus. Er beschwert sich und macht deutlich, dass er sich übergangen fühlt. Damit befindet er sich in einem Kind-Ich Zustand. Es ist offen, ob er bei Luca ein Eltern-Ich anspricht, von dem er Unterstützung erwartet, oder ob er das angepasste Kind anspricht und erhofft, dass sich Luca seinen Erwartungen in Zukunft anpasst. Konstrukteur Luca auf der anderen Seite stellt die Beziehungsseite mit dem unausgesprochenen Vorwurf „Du bindest mich nicht ein und bist ein Egoist" in den Vordergrund. Da er es versäumt, Andreas Selbstoffenbarung zu hören, wertet er die Aussage bezüglich der Ich-Zustände ganz anders, als sie wahrscheinlich gemeint war. Luca fühlt sich im angepassten Kind angesprochen. Zur Eskalation führt das, weil er durch die Beziehungsseite eine stark wertende und moralisierende Botschaft hört. Deshalb ignoriert er die mitschwingenden Gefühle und Botschaften und antwortet einfach nur mit „Nun bleib doch mal sachlich".

Aussagen dieser Art sind nicht geeignet, ein Gespräch auf die Sache zurück zu leiten. Die Gefühle des Gesprächspartners werden zwar indirekt angesprochen, aber zugleich als unberechtigt zurückgewiesen. So verwundert es nicht, dass sich Andreas zur Wehr setzt, denn er ist bestrebt, sein positives Selbstbild aufrecht zu erhalten. Luca muss sich also nicht darüber wundern, dass er sich nicht durchsetzen kann. Da er dem Metallbauer Andreas auch in keinem anderen Punkt entgegenkommt, kann er nicht darauf bauen, dass Andreas nun nachgibt. Mit „Nun bleib doch mal sachlich" versucht Luca mit aller Kraft die Beziehungsseite auszuschließen. Wahrscheinlich möchte er einen Appell an die Selbstdisziplin aussprechen (Schulz von Thun 2014, S. 149). Allerdings beachtet Luca dabei nicht, dass er Emotionen nicht einfach ausschließen kann. Erst wenn diese beachtet, ernstgenommen und respektiert worden sind, ist es möglich, das Gespräch wieder auf die Sachseite zu holen. Damit ist nicht gemeint, dass Luca einfach klein beigeben soll. Vielmehr sollte er Ruth Cohns Kommunikationsregel „Störungen haben Vorrang" (2016, S. 122) beachten, wenn er das Gespräch retten und damit auch sein Anliegen durchsetzen möchte: Erst wenn er auf der Beziehungsseite Kooperationsbereitschaft herstellt, kann er darauf vertrauen, dass auch auf der Sachseite eine Einigung möglich wird.

Normalerweise geht man im Berufsalltag vom Primat der Sache aus. Aber dieses Primat funktioniert nur, solange keine Störungen auftreten. Unstimmigkeiten zu behandeln und nicht unter den Tisch zu kehren, bedeutet, den anderen als Person anzuerkennen und zu verstehen, denn Emotionen, Frust, aber auch Freude an der Arbeit gehören genauso zum Berufsalltag wie effizientes, professionelles und rein aufgabenorientiertes Arbeiten.

> Die Beziehungsseite darf nicht gestört sein, damit ein effizientes, aufgaben- und sachorientiertes Arbeiten möglich wird.

7.1.3 Killerphrasen – Denkverbote für andere

In vielen Gesprächen geht es darum, sich durchzusetzen (Kap. 5). Dies wird häufig mit einem Gewinnen gleichgesetzt. Doch ein solches Gesprächsverhalten hat seinen Preis.

Schnell wird dann ein inhaltlich überzeugendes Argument unwirksam. Wenn die Kooperationsbereitschaft untergraben oder zumindest auf Dauer gefährdet ist, wird eine inhaltliche Lösung, mit der alle zufrieden sind, immer unwahrscheinlicher. Die Transaktionsanalyse hat für diesen Zusammenhang den Begriff „Rabattmarken" (Schlegel 1995, S. 140, nach Berne) geprägt. Wie in früheren Zeiten die Einkaufsprozente in Form von papierenen Rabattmarken an den Kunden ausgegeben und vom Kunden in einem Rabattmarkenheft gesammelt wurden, wird nun jede durchlebte Niederlage emotional gespeichert. So wie das volle Heft im Laden wieder abgegeben werden konnte und der Kunde den Rabatt-Gegenwert in Geld zurück erhielt, werden nun die gesammelten negativen Emotionen in schwer vorhersagbaren, oft irrationalen Reaktionen zurück gezahlt. Rabattmarken in der Kommunikation erhöhen den Pegel negativer Gefühle und das „volle" Rabattmarkenheft kommt der geballten Reaktion auf all die erlittene Unbill gleich. Das Einlösen des vollen Heftes ist entweder mit einer direkten Konfrontation verbunden, ausgelöst durch eine – für sich betrachtet – Belanglosigkeit. Beides kommt für das Gegenüber überraschend und immer zum ungünstigsten Zeitpunkt – denn unbewusst soll ja Schaden entstehen. Wenn das Gegenüber Sieg anstrebt, wird das intuitiv oft sehr schnell wahrgenommen. Nimmt man die Zeichen bewusst wahr, erweitert sich das Repertoire möglicher Reaktionen. Es fällt leichter, zeitig und mit einer angemessenen Reaktion auf den Angriff zu reagieren.

Dass es dem Gegenüber nicht ums Überzeugen geht, sondern ums Gewinnen, lässt sich analytisch an bestimmten Taktiken erkennen – die schnell ins Unfaire kippen. Diese sollen ja dazu dienen, das Gegenüber nicht zum Zuge kommen zu lassen. Zu den unfairen Taktiken gehören z. B. Unterbrechungen und Ablenkungen, das Androhen von Sanktionen, Killerphrasen oder persönliche Angriffe.

Eine Aufzählung der gängigen Killerphrasen findet sich in Thiele (2015, S. 54):

- Dazu haben wir jetzt keine Zeit.
- Das gehört nicht hierher.
- Das haben wir alles versucht, das bringt nichts.
- Das ist viel zu kostenintensiv.
- Solche Neuerungen passen nicht zu den gewachsenen Strukturen.
- Um das zu beurteilen, sind Sie nicht lange genug im Unternehmen.
- Die Technologie steckt doch noch in den Kinderschuhen.
- Das sind wenig brauchbare Ansätze, die von Theoretikern entwickelt wurden.
- Sie beurteilen die Situation völlig falsch.
- Dazu sind Sie noch viel zu jung.
- Wenn das so einfach wäre, würde es jeder machen.
- Wie wollen Sie denn das beweisen?
- Das ist doch ein alter Hut, den Sie uns hier verkaufen wollen.
- Das Konzept lässt sich bei unseren Mitarbeitern überhaupt nicht durchsetzen.
- Sie versuchen natürlich Ihr Bestes, aber . . .

Killerphrasen sind ein sicheres Indiz dafür, dass das Gegenüber kein Interesse an der Argumentation und inhaltlichen Klärung hat. Man will oder kann keine Argumente vorbringen. Der Begriff wurde von Charles Hutchinson Clark, einem amerikanischen Managementtrainer, 1966 geprägt, kommt also ursprünglich aus dem englischen Sprachraum. Die deutsche Übersetzung als „Totschlagargument" macht die Wirkung anschaulich. Im milden Fall richtet sich der Totschlag auf das Sachargument – indem der Verfechter des Arguments in die Defensive gedrängt oder zum Schweigen gebracht wird. Im krassen Fall richtet sich der Totschlag ausschließlich auf den Verfechter des Arguments, soll ihn recht eigentlich mundtot machen, indem die Person unmittelbar diskreditiert wird. Man spricht dann auch von Ad-Hominem-Angriffen.

Killerphrasen blenden vermeintlich die Gefühlsebene aus und beschäftigen sich nur noch mit der Sache. Doch stattdessen würgen sie die Sachdiskussion ab. Entweder sie missachten das Prinzip „Störungen haben Vorrang" oder sie lenken vom eigentlichen Thema ab.

Killerphrasen sind kontraproduktiv, da sie sehr häufig den Gesprächspartner angreifen oder herabsetzen. So muss sich dieser zuerst um die Vorwürfe kümmern oder seine Position rechtfertigen. Eine sachliche Diskussion ist nach „Nun bleib doch mal sachlich" meist nicht mehr möglich, vgl. Kap. 6.

Eine Kategorisierung von Killerphrasen könnte wie in Tab. 7.1 aussehen.

Unabhängig davon, welche Kategorie von Killerphrase vorliegt, wird durch sie der Gesprächspartner diffamiert und ein Denk- und Gefühlsverbot ausgesprochen. Damit wirken Killerphrasen als Zurückweisung der ganzen Person und ihrer (berechtigten) Anliegen. Killerphrasen zielen ja eben gerade nicht auf die Sache, sondern auf die Beziehungsseite. Verschärft wird diese Situation dadurch, dass Killerphrasen auf dem Eltern-Ich angesiedelt sind. „Nun bleib doch mal sachlich" ist keine sachliche Aufforderung zum eigentlichen Kern des Gesprächs zurück zu kommen, sondern eine Breitseite auf der Beziehungsseite. Die Aussage könnte gewertet werden als „Du bist nicht in der Lage sachlich zu diskutieren. Du bist ein total emotionaler und unprofessioneller Gesprächspartner.".

Aber was bewirken Killerphrasen beim Gegenüber? Sehr erfahrene und reflektierte Gesprächspartner werden darauf gar nicht reagieren und in ihrer Argumentation fortfahren. Weniger erfahrene oder auch emotionalere Gesprächspartner werden wahrscheinlich kontern. Und damit entfernt sich das Gespräch vom eigentlichen Sachproblem.

► **Tipp** Der besonnene Umgang mit Emotionen bildet die Basis eines gelungenen Gesprächs. Emotionen lassen sich nicht wegrationalisieren. Gefühls- und Denkverbote verhindern eine fachlich angemessene Lösung.

Killerphrasen lassen die Gesprächspartner in der Lösungsfindung demnach nicht voranschreiten, sondern dienen häufig dazu, sich gegenüber anderen zu bestätigen – aller-

Tab. 7.1 Kategorisierung der Killerphrasen. (Müller 2004)

Kategorie	Wirkung	Beispiel
Beharrungs-killerphrasen	Veränderung verhindern	Das haben wir schon immer so gemacht.
Autoritätskillerphrasen	Einschüchtern	Wie oft muss ich Ihnen das noch sagen?
Besserwisser-killerphrasen	Aufdrängen der eigenen Meinung	Ich weiß schon, wie das endet.
Bedenkenträger-killerphrasen	Suggerieren die Gefahr der Veränderung	Wir wollen uns doch nicht die Finger verbrennen.
Vertagungs-killerphrasen	Hinauszögern von Entscheidungen	Die Zeit ist dafür noch nicht reif.
Angriffskillerphrasen	Persönliche Angriffe	Typisch Mann/Frau! Typisch Ingenieur! Typisch Verwaltung! Immer diese Alten/Jugendlichen!
Vorwurfs-killerphrasen	Allgemeiner Vorwurf soll den anderen mundtot machen	Das weiß doch jedes Kind! Das ist doch gesunder Menschenverstand! Bleib doch mal sachlich! Lass uns doch wie Erwachsene miteinander reden! Wir sind doch alle erwachsen.

dings auf deren Kosten. Häufig sprechen Killerphrasen regelrechte Denkverbote aus. Argumentiert wird mit scheinbarer Plausibilität, d. h. mit groben Verallgemeinerungen und schwer widerlegbaren Meinungsäußerungen. Denn wer möchte schon Gefahr laufen, nicht sachlich zu sein oder über keinen gesunden Menschenverstand zu verfügen?

Frage: Killerphrasen zuordnen

Ordnen Sie die nachfolgenden Killerphrasen in die richtige Kategorie ein.

Killerphrase	Kategorie
Das würde unseren Prinzipien widersprechen.	
Darüber brauchen wir gar nicht erst zu reden.	
Das ist doch alles reine Theorie. In der Praxis sieht das alles ganz anders aus.	
Wir kommen auch ganz gut ohne XY aus.	
Sie haben doch keine Ahnung.	
Ich glaube nicht, dass die anderen da mitspielen werden.	
Ich habe Wichtigeres zu tun.	
Wir brauchen keine neuen Ideen, sondern zuverlässige Mitarbeiter.	
Das ist doch allgemein bekannt, dass das nicht geht.	
Das sollten wir noch einmal überdenken.	
Warum reagieren Sie so empfindlich?	
Dafür ist die Zeit noch nicht reif.	
Wie kann man nur so unrealistisch sein?	

7.2   Störungen beheben

Im vorhergehenden Abschnitt war es sowohl für Andreas als auch für Luca nicht möglich, konsequent auf einer wertschätzenden Erwachsenen-Ich-Ebene das Problem zu lösen. Doch auch wenn man in einer festgefahrenen Situation gefangen scheint, ist es möglich, zu einer kooperativen Lösung zu gelangen. Notwendig dafür ist, dem Gesprächspartner konsequent respektvoll zu begegnen.

7.2.1   Ich bin o.k. – du bist o.k.

Metallbauer Andreas Werker	Guten Morgen, Luca. Ich habe soeben den neuen Auftrag mit deinen Zeichnungen erhalten. Dazu habe ich einige Fragen beziehungsweise Anmerkungen, die ich mit dir anschauen wollte. Hast du gerade Zeit?
Konstrukteur Luca Bianchi	Ja dann schauen wir es halt schnell an.

Obwohl die Ausgangsposition immer noch dieselbe ist – das Werkzeug ist mit den gegebenen Werten nicht herzustellen – ist sich Metallbauer Andreas nun bewusst, dass er von Anfang an aus dem Erwachsenen-Ich (Kap. 6) und einer partnerschaftlichen Position heraus kommunizieren sollte. Er unterlässt die negativ behafteten kleinen Sticheleien und räumt dem Konstrukteur Luca sogar noch eine Wahlmöglichkeit ein: Luca kann entscheiden, wann er sich mit Andreas Fragen auseinandersetzen will. Diese Wahlmöglichkeit zeigt Luca, dass Andreas die Zeit Lucas respektiert. Der eingeräumte Entscheidungsspielraum ist ein erstes Merkmal für die Grundposition Ich bin o.k. – du bist o.k., die Andreas nun vertritt. Andreas scheint nämlich zu ahnen, dass die Beschneidung von Wahlfreiheit bei den Gesprächspartnern beinahe automatisch zu Widerstand führt. Obwohl er negative Erfahrungen mit der Zusammenarbeit mit Konstrukteur Luca gemacht hat, lässt er sich davon nicht allzu sehr beeinflussen. Er bleibt sachlich und wertschätzend. Obwohl Luca immer noch spürbar genervt reagiert, hat Metallbauer Andreas den Grundstein zu einer kooperativen Lösung gelegt. Zumindest auf Andreas' Seite bleibt das Gespräch damit zunächst auf der Sachseite, vgl. Kap. 3.

7.2.2   Von der Du-Botschaft zur Ich-Botschaft

Metallbauer Andreas Werker	Das gezeichnete Werkzeug ist so nicht herzustellen. Die Toleranzen unserer Maschinen geben das nicht her.
Konstrukteur Luca Bianchi	Ach, so ein Mist. Ich habe nämlich bereits mit dem Kunden Rücksprache gehalten und ihm zugesichert, dass das Werkzeug so gefertigt wird. Da müsst ihr euch also etwas einfallen lassen.

Andreas vermeidet nun konsequent Du-Botschaften. Er eliminiert diese durch die un-persönliche Formulierung *das gezeichnete Werkzeug*. Luca weiß natürlich, dass diese Kon-struktionszeichnung von ihm stammt, aber da Andreas keinen Vorwurf an seine Person richtet, wird er nicht in eine Rechtfertigungsrolle gedrängt. Allerdings befindet sich Me-tallbauer Andreas in einer Zwickmühle. Er kann das Werkzeug so nicht fertigen und er ärgert sich verständlicherweise, dass Luca schon wieder einmal Versprechungen gemacht hat, die nicht einzuhalten sind. Am liebsten würde er nun, wie in der ersten Dialogvariante, Luca mit Vorwürfen und Du-Botschaften überhäufen. Aber er nimmt sich bewusst zurück und bemüht sich weiterhin um eine Ich bin o.k. – du bist o.k.-Haltung. Diese Grundpositi-on ermöglicht ihm, weiterhin aus dem Erwachsenen-Ich (Kap. 6) zu kommunizieren. Das gelingt ihm, indem er eine sogenannte Ich-Botschaft (Kap. 6) äußert:

Metallbauer   Ich ärgere mich, wenn du mit Kunden Abmachungen triffst, die ich dann gar
Andreas Werker   nicht oder nur äußerst schwer umsetzen kann. Es wäre einfacher, wenn ich
                   von Anfang an bei solchen Entscheidungen eingebunden wäre.

In dieser Ich-Botschaft drückt er seinen emotionalen Zustand (Ärger) aus, begründet, worauf dieser Ärger beruht und formuliert seine Erwartung bei der Handhabung solcher Situationen in der Zukunft. Da Andreas eine Ich-Botschaft formuliert, bleibt er der Pro-blembesitzer. Er versucht nicht, das Problem auf Luca abzuwälzen, indem er ihm mit einer Du-Botschaft suggeriert, dass Luca selbst das Problem sei. Stattdessen übernimmt er die volle Verantwortung für die Situation. Das mag auf den ersten Blick ungerecht erschei-nen. Denn schließlich hat der Konstrukteur voreilige Versprechungen gemacht. Aber das Problem mit der Umsetzung der Konstruktionszeichnungen hat der Metallbauer. Deshalb ist es richtig, dass er im Problembesitz bleibt. Durch die Ich-Botschaft bleibt außerdem die „Sache" das Problem und nicht die Person.

Generell können Ich-Botschaften in allen schwierigen Gesprächssituationen eingesetzt werden. Bei Ich-Botschaften stehen die eigenen Bedürfnisse im Mittelpunkt der Äuße-rung. So kann die Ich-Botschaft neben dem Problembesitz noch eine zweite Funktion erfüllen: Sie ist nur sehr schwer angreifbar. Der Gesprächspartner kann der Aussage zwar seine eigene Sicht entgegenhalten, aber diese dennoch nicht als unwahr zurückweisen (Gehm 2006, S. 122, nach Rosenberg 2003).

Eine vollständige Ich-Botschaft umfasst den emotionalen Zustand, die Beschreibung der Situation, die diese Emotion auslöst, die Schilderung der Auswirkung der Situation und den Wunsch nach einer Änderung in der Zukunft. Aber auch, wenn nicht alle Bestand-teile enthalten sind, kann in vielen Fällen von einer Ich-Botschaft gesprochen werden. Der Unterschied zwischen „Sie haben Unrecht" und „Ich bin anderer Meinung" liegt auf der Hand. Zu beachten bleibt dabei aber, dass ein Ersatz des „Ich" durch unpersönliche For-mulierungen wie „wir" oder „man" nicht den gewünschten Effekt hat. Die Sprechenden müssen den Mut aufbringen, dieses „Ich" wirklich auszusprechen. Viele glauben an eine rein sachliche Kommunikation, in der eine persönliche Sicht eher schwach wirkt. Dabei ist genau das Gegenteil der Fall. Das „Ich" stellt die eigene Sicht in den Mittelpunkt und bezieht schon allein deshalb klar Stellung (Gehm 2006, S. 123).

Zudem lassen sich Ich-Botschaften auch dazu verwenden, um wieder Ordnung auf der Beziehungsseite herzustellen, vgl. Kap. 3. Metallbauer Andreas spricht mit seiner Ich-Botschaft drei Seiten an: Die Sachseite durch die Begründung des Gefühlswertes, warum er verärgert ist, die Selbstoffenbarung mit der Feststellung, wie er sich fühlt, also dass er verärgert ist und die Appellebene mit dem Wunsch, dass er in Zukunft eingebunden werden möchte. Die problematische Beziehungsseite wird so wieder in Ordnung gebracht und die Gesprächspartner können zu einer Ich bin o.k. – du bist o.k.-Haltung finden (Bay 2006, S. 93).

> Ich-Botschaften sind häufig unangenehm für den Gesprächspartner, da sich dieser nun zunächst um das Problem und um die Selbstmitteilung seines Gegenübers kümmern muss. Dennoch bleiben Ich-Botschaften annehmbar, da keine Vorwürfe gemacht werden und die persönlichen Grenzen gewahrt bleiben.

Nicht jede Aussage, die ein „Ich" enthält, ist auch eine Ich-Botschaft und kann die Wirkung einer solchen entfalten. Wichtig ist daher die Unterscheidung in echte und nicht-echte Ich-Botschaften. Eine Aussage wie „Ich finde, du redest nur dummes Zeug daher", ist trotz des Einsatzes von „Ich" keine Ich-Botschaft. Der Sprecher drückt kein Gefühl aus, er spezifiziert nicht, was denn genau gesagt wurde und er unterlässt den Appell. Würde er stattdessen sagen „Ich bin ungeduldig, wenn du dieselben Dinge immer wieder in Frage stellst, obwohl wir bereits einen verbindlichen Entschluss gefällt haben.", ist es ganz klar, dass es nicht um die Person geht, sondern um ein bestimmtes Verhalten. Der Appell wird zwar auch hier weggelassen, aber dies ist kein notwendiger Bestandteil einer Ich-Botschaft. Um diese Unterscheidung einzuüben, lösen Sie bitte die folgende Aufgabe:

Frage: Echte Ich-Botschaften erkennen

Welche der folgenden Aussagen ist eine Ich-Botschaft?

Ich habe das Gefühl, Sie akzeptieren mich nicht.	☐ ja	☐ nein
Ich bin traurig, dass Sie gehen.	☐ ja	☐ nein
Ich habe einen Fehler gemacht.	☐ ja	☐ nein
Ich mache mir Sorgen, wenn du zu spät kommst.	☐ ja	☐ nein
Ich fühle mich missverstanden.	☐ ja	☐ nein
Ich habe das Gefühl, unser Chef manipuliert uns.	☐ ja	☐ nein
Wenn du mich nicht grüßt, fühle ich mich nicht respektiert.	☐ ja	☐ nein

7.2.3 Umgang mit Killerphrasen

Der Konstrukteur Luca sträubt sich, von seiner Position abzurücken. Er setzt bewusst Killerphrasen ein – „noch nie so gemacht, lass das mal den Profi machen, gesunder Menschenverstand" – um Andreas auszubremsen. Doch Andreas erkennt, dass das Denkverbot, das Luca durch seine Killerphrasen ausspricht, ein Zeichen von Ratlosigkeit ist. Luca versucht im Moment mit allen Mitteln seine dominante Stellung zu bewahren.

Konstrukteur Luca Bianchi	Nein, das haben wir ja noch nie so gemacht. Ihr wisst doch gar nicht, wie man mit Kunden reden muss. Lass das mal den Profi machen. Wir werden uns dann schon irgendwie einigen. Mit gesundem Menschenverstand kriegen wir das dann schon hin.

Killerphrasen sind als sogenannte Distraktoren ein Mittel zur Verunsachlichung (Gehm 2006, S. 135). Es gibt verschiedene Möglichkeiten, auf Killerphrasen zu reagieren. Dabei werden diese Reaktionsmöglichkeiten gerne mit dem Begriff Schlagfertigkeit in Verbindung gebracht. Schlagfertigkeit jedoch heißt oft Gegenangriff, der die Gefahr einer Eskalation in sich birgt. Denn der Gegenangriff zahlt mit gleicher Münze heim und der Angegriffene greift nun seinerseits die Glaubwürdigkeit des Gegenübers an. Das Gegenüber wird explizit diskreditiert (argumentum ad hominem). Eine andere Angriffsmöglichkeit ist der Einsatz der Nebelwerfertaktik. Mit der Nebelwerfertaktik lenkt man gezielt vom gegnerischen Argument, bzw. der gegnerischen Killerphrase ab. Das kann z. B. durch ein Strohmann-Argument gelingen: Das Argument des Gegenübers wird aufgegriffen – und falsch wiedergegeben oder falsch interpretiert. Es wird damit so verändert, dass es Basis für eine Weiterführung im eigenen Sinne werden kann, man reagiert auf die eigene (abweichende) Darstellung des gegnerischen Arguments (Tab. 7.2).

Der Gegenangriff signalisiert, dass man nicht zurückweicht, das ist sein Vorteil. Sein Nachteil ist, dass man Gleiches mit Gleichem heimzahlt. Man stellt sich dadurch auf dieselbe Stufe wie der Angreifer.

Reflexion – Reaktion auf Killerphrasen

In welchen Situationen würden Sie zum Mittel des Gegenangriffs greifen? Welche langfristigen Folgen hätte dies?

Es gibt zahlreiche konstruktive Möglichkeiten, auf Killerphrasen zu reagieren: Die einfachste Möglichkeit ist, die Killerphrase zu ignorieren und da weiter zu machen, wo man aufgehört hat. Auf Lucas „Lass das mal den Profi machen", könnte Andreas beispielsweise antworten: „Wenn ich nicht bei den Kundengesprächen anwesend bin, passiert es einfach immer wieder, dass wir in so eine Sackgasse laufen." Allerdings besteht dann die Gefahr, dass sich das Gespräch im Kreis dreht. Dennoch kann durch das Übergehen der Killerphrase dem eigenen Standpunkt mehr Gewicht verliehen werden. Auch kann es souverän wirken, wenn man Killerphrasen nicht kontert, sondern ignoriert oder sachbezogen abwehrt.

Tab. 7.2 Reaktion auf Killerphrasen durch Gegenangriff

Killerphrase	Reaktion
Das klappt vielleicht in anderen Unternehmen.	(argumentum ad hominem) Als wenn Sie beurteilen könnten, was in einem Unternehmen klappt.
Das klappt vielleicht in anderen Unternehmen.	(Strohmann-Argument) Genau das meine ich ja. Ich sage jetzt mal genauer, wie ich mir das vorstelle.

Tab. 7.3 Rückfragen bei Killerphrasen

Killerphrase	Rückfrage
Das stimmt doch hinten und vorne nicht!	Bitte präzisiere, was aus deiner Sicht nicht stimmt.
Haben wir das nicht schon … entschieden? Das wurde schon vor Monaten festgelegt.	Was haben wir denn deiner Meinung nach damals entschieden?
Das ist zu aufwändig	Wie hoch darf denn aus Ihrer Sicht der Aufwand sein? Welcher Aufwand wäre denn aus Ihrer Sicht gerechtfertigt?

Tab. 7.4 Beispiele für Metakommunikation bei Killerphrasen

Killerphrase	Metakommunikation
Typisch Anfänger	Klar, bin ich neu im Metier, aber weshalb soll das denn wichtig sein? Ich schlage vor, dass wir uns wieder dem Thema zuwenden.
Der Kunde ist König.	Das ist ein Totschlagargument und kommt jetzt bei mir so an, als ob sie nicht über eine konstruktive Lösung nachdenken wollen.

Eine weitere Möglichkeit wäre die Rückfrage. Mit einer Rückfrage wird das Gegenüber dazu gezwungen, die eigene Killerphrase sachlich zu präzisieren (Kap. 4). Schnell wird sich an der Antwort zeigen, ob Gedankenlosigkeit oder Absicht hinter der Killerphrase stand. Bei manchen Killerphrasen ist nämlich eine sachliche Präzisierung schwer möglich. Beispiele finden sich in Tab. 7.3.

Der Vorteil der Rückfrage ist, dass die Aufmerksamkeit wieder auf die inhaltlichen Zusammenhänge gelenkt wird – so das denn überhaupt möglich ist. Ein Nachteil ist, dass der Nutzer der Killerphrase Raum und Gelegenheit für eine weitere Reaktion erhält. Sollte die Absicht für die Killerphrase weniger harmlos gewesen sein, erhält er damit die Gelegenheit, seinen Angriff auszubauen.

Frage: Antworten auf Killerphrasen

Formulieren Sie je fünf Killerphrasen, deren Absicht es ist, das Gegenüber in die Defensive zu drängen. Formulieren Sie zu den Killerphrasen Rückfragen als Reaktionen.

Eine weitere Möglichkeit auf Killerphrasen zu reagieren, ist die Metakommunikation. Dabei wird die Killerphrase als das sichtbar gemacht, was sie ist, nämlich ein Abwürgen der Argumentation. Die Tab. 7.4 listet mögliche Beispiele auf.

Der Vorteil der Metakommunikation ist, dass andere Beteiligte die Unterbrechung der Argumentation registrieren und explizit zur Angemessenheit des Angriffs Stellung nehmen können. Nachteil ist, dass Metakommunikation von den Beteiligten oft als anstrengend erlebt wird, da sie zunächst eher prozessorientiert als ergebnisorientiert ausgerichtet ist.

Auch Ich-Botschaften wirken den in Killerphrasen ausgesprochenen Denkverboten entgegen und sind daher ein probates Mittel mit diesen umzugehen. Wenn beispielsweise auf eine Äußerung wie „Davon verstehen Sie nichts." mit der Ich-Botschaft „Ich ärgere mich, wenn Sie mir Unfähigkeit unterstellen und möchte in Zukunft genau wie die anderen Teammitglieder meine Meinung äußern." geantwortet wird, ist das Denkverbot direkt abgewehrt.

Doch welchen Weg schlägt Andreas ein? Er gestaltet das Gespräch sehr aktiv, indem er die Rückfrage wählt. So kann er das Gespräch wieder auf die Sachseite (Kap. 3) bringen. Damit das funktioniert, muss Andreas seine wertschätzende Grundeinstellung und sein Erwachsenen-Ich beibehalten – auch wenn es ihm vielleicht schwerfällt.

Metallbauer Andreas Werker	Warum sollen wir Metallbauer nicht mit Kunden reden können? Wie meinst du das denn?

Die Gegenfrage zwingt Luca nun auf die Sache zu fokussieren und Argumente anzuführen, auf die Andreas dann wiederum antworten kann:

Konstrukteur Luca Bianchi	Ihr wisst doch gar nicht, wie man Preise kalkuliert …
Metallbauer Andreas Werker	Ja, das stimmt, aber um Preisabsprachen geht es auch gar nicht. Wenn wir bei einer ersten Besprechung dabei sein würden, dann kämen wir nicht in so eine missliche Lage wie jetzt.
Konstrukteur Luca Bianchi	Nein, das ist keine gute Idee. Der Kunde soll mit einer Ansprechperson konfrontiert sein. Das will auch die Geschäftsführung so.

Luca sieht allmählich seine Felle davonschwimmen. Deshalb muss er schon wieder eine Killerphrase einsetzen. Doch auch hier erkennt Andreas, dass sich Luca nun in einem Erklärungsnotstand befindet. Durch die geschickte Kombination einer Ich-Botschaft und einer klärenden Frage schubst er Luca in Richtung Lösung.

Metallbauer Andreas Werker	Für mich ist die Situation im Moment wirklich unbefriedigend. Ich ärgere mich jedes Mal, wenn ich die Änderungen nicht umsetzen kann. Ich verliere auch sehr viel Zeit mit Sonderabklärungen. Ich wäre echt froh, wenn wir eine Lösung finden könnten. Hast du eine Idee?
Konstrukteur Luca Bianchi	Ja, ich verstehe dich schon. Wenn ihr zusichern könnt, dass ihr euch schnell drum kümmert, kann ich noch kurz bei dir in der Werkstatt nachfragen. Aber schmettert bloß nicht immer alles gleich ab …

Bevor Luca gegenüber Kunden Zusagen trifft, sollte er die Machbarkeit abklären. Aber erst jetzt ist diese Abmachung nachhaltig. Denn erst jetzt hat Luca das Gefühl, in seinen Bedürfnissen ernst genommen zu werden und er konnte seine Anliegen durchsetzen. Er fühlt sich respektiert und kann aus diesem Gefühl der Stärke heraus Kompromisse eingehen. Und Andreas? Er hat sein Anliegen auch durchsetzen können. Durch Andreas konsequentem Beharren auf einer Ich bin o.k. – du bist o.k.-Einstellung, Ich-Botschaften und dem Einsatz von Fragen konnte er eine Win-Win-Lösung erreichen. Einer guten Zusammenarbeit steht somit nichts mehr im Weg.

7.2.4 Gesprächsförderer

Wenn Motive unklar sind, ein starkes emotionales Engagement die Lösungsfindung behindert oder der Gesprächspartner der Problembesitzer ist, können Gesprächsförderer hilfreich sein. Diese werden oft unter dem Begriff Aktives Zuhören subsumiert. Sie werden auch bei Reklamations- oder Beratungsgesprächen gewinnbringend eingesetzt.

> Gesprächsförderer haben zum Ziel, ein Gespräch zu öffnen und eine wertschätzende Haltung zum Ausdruck zu bringen.

Bay 2006, S. 100) klassifiziert diese Gesprächsförderer wie in Tab. 7.5.

Tab. 7.5 Gesprächsförderer

Gesprächsförderer	Wirkung
Wiederholung mit eigenen Worten	Umfang darf verändert werden, nicht aber der inhaltliche Kern – führt zur Verifizierung der inhaltlichen Übereinstimmung und einer inhaltlichen Präzisierung seitens des Gesprächspartners: *Sie meinen, dass ...*
Zusammenfassende Wiederholung	Zusammenfassung des Problemkerns durch die Technik des In-Beziehungs-Setzens – bietet dem Gesprächspartner Orientierungspunkte: *Einerseits ... andererseits ...*
Statement	Benennung des Gefühls des Gesprächspartners – führt zu einer stärkeren emotionalen Stellungnahme: *Sie sind verärgert.*
Weiterführende Frage	Offene Frage – wirkt wie ein emotionaler Denkanstoß und führt das Gespräch weiter: *Was bedeutet Ihnen denn ... ?*
Klärende Frage	Aufgreifen von nebensächlich erscheinenden Teilaussagen (z. B. im Prinzip, eigentlich, ...) – klärt den inneren Abwägungsprozess: *Was meinen Sie mit „im Prinzip einverstanden"?*
Nicht-festlegende Aufmerksamkeitsreaktion	Blickkontakt, Nicken, sprachliche Rückmeldesignale – Übereinstimmung auf der Beziehungsseite

Frage: Gesprächsvariante entwickeln

Gehen wir von einer anderen Ausgangslage aus. Stellen Sie sich vor, dass Metallbauer Andreas ständig unangebrachte und unangemessene Änderungswünsche an den Plänen von Luca vorbringt. Oder mit anderen Worten: Konstrukteur Luca hat das Problem, dass Andreas seine Pläne aus welchen Gründen auch immer nicht umsetzen mag. Wie könnte Luca die oben genannten Gesprächsförderer einsetzen, damit er in Zukunft mehr Kooperationsbereitschaft bei Andreas erreicht? Formulieren Sie das nicht konstruktiv verlaufende Gespräch im Anschluss entsprechend um.

Metallbauer Andreas	Hallo Luca. Das Werkzeug, das du gezeichnet hast, ist so nur schwer herzustellen. Du weißt doch, dass die Toleranzen unserer Maschinen nicht so toll sind.
Konstrukteur Luca	Immer kommst du mit demselben Gejammer und mit Änderungswünschen. Aber ich habe bereits mit dem Kunden Rücksprache gehalten und das Werkzeug muss so gefertigt werden.
Metallbauer Andreas	Nein, du musst das noch umplanen, ich habe keine Lust wegen dieser Kleinigkeit die ganzen Maschineneinstellungen zu ändern.
Konstrukteur Luca	Ach was. Das ist doch dein Job.
Metallbauer Andreas	Spinnst du? Ich weiß selber am besten, was mein Job ist. Sicher nicht dein extravagantes Zeug zu machen.
Konstrukteur Luca	Jetzt mach einfach. Sonst geh ich zum Chef.

Gesprächsförderer können vielfältig eingesetzt werden. Allen gemeinsam wird aber sein, dass es zunächst etwas länger dauert, um zu einer Lösung zu gelangen, hinter der beide stehen. Andreas konnte seine Bedenkungen vorbringen und wurde für diese nicht angegriffen. Stattdessen führt Andreas durch den geschickten Einsatz von Fragen Luca zu einer Lösung, die dieser nächstes Mal wahrscheinlich direkt so umsetzen wird.

7.3 E-Mail und Chat

Doch nicht nur in persönlichen Gesprächen bleibt Respekt oft auf der Strecke, sondern auch in E-Mails und Chats. Das verwundert umso mehr, als wir häufig davon ausgehen, dass schriftliche Formen, wie z. B. E-Mails und Chats, zu mehr Sachlichkeit zwingen. Dabei ist oft das Gegenteil der Fall. Koch und Oesterreicher (1985) haben ein Modell der Mündlichkeit beziehungsweise Schriftlichkeit entwickelt, mit dessen Hilfe Texte zwischen diesen beiden Polen eingeordnet werden können. Grundlage des Modells ist die Unterscheidung zwischen Medialität und Konzeptionalität. Die Medialität bezeichnet die Realisierung und die Konzeptionalität bezeichnet die ursprüngliche Form. Ein Gespräch ist sowohl medial als auch konzeptionell mündlich. Ein Vortrag ist medial mündlich, aber wahrscheinlich in großen Teilen konzeptionell schriftlich. Eine Chat-Nachricht ist medial schriftlich und konzeptionell meist mündlich. Denn Texten, die konzeptionell mündlich sind, wird eine geringere Distanz oder eine größere kommunikative Nähe zugesprochen. (Koch und Österreicher 1985, Seite 15–43). Und genau hier liegt das Problem mit E-Mails und Chats. Durch die mündliche Konzeptionalität, aber die schriftliche Medialität wirken E-Mails und Chatnachrichten schnell respektlos und grob. Bittet Sie beispielsweise ein Mitarbeiter um einen halben Tag Sonderurlaub und Sie antworten lediglich mit einem „o.k.", könnte diese kurze Reaktion, so gut sie auch gemeint gewesen sein mag, zu Unsicherheit führen. Missverständnisse sind also oft in einer verkürzten konzeptionell mündlichen, aber medial schriftlichen Kommunikationsform vorprogrammiert.

Während in einer medial mündlichen Situation noch Korrektive wie Stimmlage oder Körpersprache eingreifen können, fallen diese in einer medial schriftlichen Kommunikationsumgebung weg. Selbst der Einsatz von Emojis kann dies nicht vollständig ersetzen. Aber auch in medial schriftlichen Kommunikationsverläufen greift das Vier-Seiten-Modell. E-Mails und Chats haben somit nicht nur eine Inhaltsebene, sondern auch die oft problematische Beziehungsseite. Da zudem E-Mails und vor allem Chats kommunikativ verkürzen, wird die Beziehungsseite sogar noch in den Vordergrund gerückt. Gleichzeitig fallen, wie oben angedeutet, die korrigierenden para- und nonverbalen Elemente weg. Auch ist ein direktes Feedback nicht möglich. Der Absender sieht das verärgerte Stirnrunzeln nicht, das seine E-Mail oder sein Chat hervorgerufen hat. Jedes Unternehmen ist von einer bestimmten Kultur geprägt (Kap. 2). Gerade für neue Mitarbeitende ist es wichtig, die Erwartungshaltungen und Konventionen zu erkennen. Benutzte Signaturen oder Grußformeln lassen erkennen, was angemessen ist. Wird in einem E-Mail als Schlussgruß „Gruß, X" formuliert, kann das im entsprechenden Umfeld schnell negativ auffallen. Oft wird der Stil aus Zeitgründen „versachlicht": Anreden fallen weg, der kleine Small Talk zu Beginn fehlt sowieso, Anweisungen werden aus Zeitgründen aus dem Eltern-Ich heraus verfasst. So bleibt die Wertschätzung schnell auf der Strecke. Ein weiterer Stolperstein bei E-Mails oder Chatnachrichten sind firmeninterne Gepflogenheiten. Wenn es in einem Unternehmen z. B. üblich ist, bei Antworten auf Anreden etc. zu verzichten, kann das zum Beispiel bei einem Kunden sehr schnell zu Irritationen führen.

Damit elektronische Kommunikation unter solch erschwerten Bedingungen trotzdem erfolgreich stattfinden kann, darf nicht nur alleine auf den Inhalt fokussiert werden. Stattdessen stellt die Beachtung des Common Ground die Basis für kollaborative Kommunikation her. Der Sender muss sicherstellen, dass seine Äußerung nicht nur gehört, sondern auch verstanden wird (Brennan 1998). In vielen Fällen ist dies unproblematisch, insofern die oben beschriebenen Elemente einer partnerschaftlichen Kommunikation eingehalten werden. Schwieriger wird es, wenn die Erwartungshaltung der Kommunikationsteilnehmer sehr unterschiedlich ist. Wird darauf keine Rücksicht genommen, kann es schnell zu Missverständnissen und Konflikten oder auch zu einem Reputationsverlust für das Unternehmen kommen.

Häufig sind Anfragen an ein Support-Team problematisch. Bei Antworten auf Anfragen handelt es sich meist um sehr fachsprachliche Ausführungen, in vielen Fällen in
englischer Sprache.

Die Antworten helfen dem Kunden oft wenig. Fachsprachliche Anweisungen verwirren
oft mehr als sie nützen. Der Support versachlicht die Situation und sieht oft nicht die
persönlichen Bedürfnisse hinter solchen Anfragen. So scheitert die Kommunikation und
schlechte Nachrede seitens des Kunden ist vorprogrammiert.

Reflexion: Eigene E-Mails analysieren

Sichten Sie Ihren E-Mail Ordner oder Ihre Chatverläufe. Welche E-Mails oder Chats
hätte der Empfänger auf der Beziehungsseite auffassen können?

Die körperliche Abwesenheit des Gegenübers mag dazu führen, dass die Erwartungshaltung des Gegenübers und geltende Konventionen schnell in Vergessenheit geraten.
Umso wichtiger ist es, informelle Kommunikationsvarianten, wie Email und Chat, bewusst und kooperativ einzusetzen.

7.4 Lösungsvorschläge zu den Fragen

Wortwahl zum Ausdrücken der Grundpositionen

Aus einer Vielzahl von Möglichkeiten werden die folgenden Eckert (2012, S. 65) nach-
empfunden:

„Mir ist beides recht.“

Sachliche und gesprächsfördernde Variante, signalisiert sowohl das Interesse an der
Frage als auch die Indifferenz bezüglich der Antwort.

„Ist mir egal.“

In dieser Variante kann bereits Gleichgültigkeit im Hinblick auf die Frage zum Ausdruck kommen.

„Ist mir wurscht.“

Mit dieser Antwort macht der Sprecher klar, dass er sich nicht für die Fragestellung
interessiert und nichts zur Lösung beitragen wird.

„Ist mir scheißegal.“

Diese Äußerung lässt auf fehlendes Interesse und vor allem auf fehlende Wertschätzung
schließen. Nicht nur die Frage wird zurückgewiesen, sondern auch das Gegenüber.

Killerphrasen zuordnen

Killerphrase	Kategorie
Das würde unseren Prinzipien widersprechen.	Beharrungskillerphrase
Darüber brauchen wir gar nicht erst zu reden.	Autoritätskillerphrase
Das ist doch alles reine Theorie. In der Praxis sieht das alles ganz anders aus.	Besserwisserkillerphrase
Wir kommen auch ganz gut ohne XY aus.	Beharrungskillerphrase
Sie haben doch keine Ahnung.	Angriffskillerphrase
Ich glaube nicht, dass die anderen da mitspielen werden.	Bedenkenträgerkillerphrase
Ich habe Wichtigeres zu tun.	Autoritätskillerphrase
Wir brauchen keine neuen Ideen, sondern zuverlässige Mitarbeiter.	Beharrungskillerphrase
Das ist doch allgemein bekannt, dass das nicht geht.	Beharrungskillerphrase
Das sollten wir noch einmal überdenken.	Vertagungskillerphrase
Warum reagieren Sie so empfindlich?	Angriffskillerphrase
Dafür ist die Zeit noch nicht reif.	Vertagungskillerphrase
Wie kann man nur so unrealistisch sein?	Angriffskillerphrase

Echte Ich-Botschaften erkennen

Ich habe das Gefühl, Sie akzeptieren mich nicht.	☐ ja	X nein
Ich bin traurig, dass Sie gehen.	X ja	☐ nein
Ich habe einen Fehler gemacht.	X ja	☐ nein
Ich mache mir Sorgen, wenn du zu spät kommst.	X ja	☐ nein
Ich fühle mich missverstanden.	X ja	☐ nein
Ich habe das Gefühl, unser Chef manipuliert uns.	☐ ja	X nein
Wenn du mich nicht grüßt, fühle ich mich nicht respektiert.	☐ ja	X nein

Antworten auf Killerphrasen

1. Ihr theoretisches Kauderwelsch hat doch niemand verstanden.
   Was genau haben Sie denn nicht verstanden?
2. Was Sie sagen, ist falsch. Die externen Experten haben das auch bestätigt.
   Welche Ergebnisse hat die Expertenuntersuchung denn genau geliefert?
3. Sie ticken ja nicht richtig.
   Wo glauben Sie denn, dass ich unrecht habe?
4. Die Geschäftsleitung ist aber anderer Meinung.
   Welche Meinung vertritt denn die Geschäftsleitung genau?
5. Dazu sind Sie viel zu unerfahren.
   Was hat das denn mit der Entscheidung zu tun?

Gesprächsvariante entwickeln

Polymechaniker Andreas	Hallo, Luca. Das Werkzeug, das du gezeichnet hast, ist so nur schwer herzustellen. Du weißt doch, dass das die Toleranzen unserer Maschinen nicht so toll sind.	
Konstrukteur Luca	Hm, ja. Wo genau ist denn das Problem?	Aufmerksamkeitsreaktion, weiterführende Frage
Polymechaniker Andreas	Die Toleranzen sind nicht so groß. Wenn ich das herstellen soll, müsste ich die ganze Maschine umrüsten. Das geht einfach nicht.	
Konstrukteur Luca	Das ärgert dich, wenn du das machen musst.	Statement
Polymechaniker Andreas	Naja, so schlimm ist es im Prinzip ja auch nicht. Aber ändere du doch einfach deinen Plan.	
Konstrukteur Luca	Was meinst du mit „so schlimm ist es im Prinzip ja auch nicht"? Ist es denn möglich?	Klärende Frage
Polymechaniker Andreas	Man kann das schon umrüsten, es braucht einfach viel Zeit und ich habe auch noch andere Sachen zu machen.	
Konstrukteur Luca	Siehst du denn noch eine andere Lösung?	Weiterführende Frage
Polymechaniker Andreas	Ach, lass gut sein, ich geb's dem Lehrling heute kurz vor Werkstattschluss.	

Literatur

Bay, R.H. (2006). *Erfolgreiche Gespräche durch aktives Zuhören* (5. Aufl.). expert-Taschenbuch: Vol. 28. Renningen: expert.

Birkenbihl, V. F. (2015). *Kommunikationstraining: Zwischenmenschliche Beziehungen erfolgreich gestalten* (35. Aufl.). München: mvg.

Brennan, S. E. (1998). The grounding problem in conversations with and through computers. In S. R. Fussell & R. J. Kreuz (Hrsg.), *Social and cognitive psychological approaches to interpersonal communication* (S. 201–225). Hillsdale: Lawrence Erlbaum.

Clark, C. (1966). *Brainstorming: Methoden der Zusammenarbeit und Ideenfindung.* München: Moderne Industrie.

Cohn, R. C. (2016). *Von der Psychoanalyse zur themenzentrierten Interaktion: Von der Behandlung einzelner zu einer Pädagogik für alle* (18. Aufl.). Konzepte der Humanwissenschaften. Stuttgart: Klett-Cotta.

Eckert, H. (2012). *Sprechen Sie noch oder werden Sie schon verstanden? Persönlichkeitsentwicklung durch Kommunikation; mit 18 Abbildungen und zahlreichen praktischen Übungen; mit 31 Hörbeispielen auf Audio-CD* (3. Aufl.). München: Reinhardt.

Fisher, R., Ury, W., & Patton, B. (2015). *Das Harvard-Konzept: Die unschlagbare Methode für beste Verhandlungsergebnisse* (25. Aufl.). Frankfurt am Main: Campus.

Gehm, T. (2006). *Kommunikation im Beruf: Hintergründe, Hilfen, Strategien* (4. Aufl.). Weinheim: Beltz.

Harris, T. A. (2015). *Ich bin ok, Du bist ok: Wie wir uns selbst besser verstehen und unsere Einstellung zu anderen verändern können; eine Einführung in die Transaktionsanalyse* (49. Aufl.). Reinbek bei Hamburg: Rowohlt.

Koch, P., & Oesterreicher, W. (1985) Sprache der Nähe – Sprache der Distanz: Mündlichkeit und Schriftlichkeit im Spannungsfeld von Sprachtheorie und Sprachgeschichte. *Romanistisches Jahrbuch*, 15–43.

Müller, M. (2004). *Killerphrasen … und wie Sie gekonnt kontern* (2. Aufl.) Frankfurt am Main: Eichborn.

Rosenberg, M. B. (2003). *Gewaltfreie Kommunikation. Aufrichtig und einfühlsam miteinander sprechen.: Neue Wege in der Mediation und im Umgang mit Konflikten*. Paderborn: Junfermann.

Schlegel, L. (1995). *Die Transaktionale Analyse* (4. Aufl.). Tübingen, Basel: Francke.

Schulz von Thun, F. (2014). *Störungen und Klärungen: Allgemeine Psychologie der Kommunikation* (53. Aufl.). Reinbek bei Hamburg: Rowohlt.

Thiele, A. (2015). *Argumentieren unter Stress: Wie man unfaire Angriffe erfolgreich abwehrt* (12.. Aufl.). München: Dt. Taschenbuch-Verlag.

Statt eines Schlussworts – 12 Merksätze für konstruktive Gespräche

8

1. Gespräche bilden die Nervenbahnen einer Organisation.
2. Die Gesprächsteilnehmer sind jeweils in drei Bezugswelten zuhause, die nicht völlig deckungsgleich sind: in ihrer Privatwelt, in ihrer Fachwelt und in der Organisationswelt. Je größer der gemeinsame Bezugsrahmen der Teilnehmer (ihr Common Ground) ist, desto besser sind die Chancen für eine effektive Verständigung.
3. Zielorientierung ist für Gespräche im beruflichen Umfeld kennzeichnend. Die Fokussierung auf das eigene Ziel macht Zuhören zur Schwerstarbeit.
4. Jedes Gespräch lebt von den gegenseitigen Annahmen der Gesprächsteilnehmer. Ein konstruktives Gespräch entwickelt sich durch dynamisches Nachjustieren der Annahmen über das Gegenüber. Die jeweiligen Antworten signalisieren, in welche Richtung nachjustiert werden muss.
5. Eine gute Vorbereitung fließt in ein Gespräch ein, bestimmt aber nicht allein dessen Verlauf.
6. Eine ausbalancierte Statuswippe achtet das Bedürfnis des Gegenübers nach Wertschätzung.
7. Informationsfluss lässt sich durch Nachfragen sicherstellen. Lieber nachfragen als den Macher spielen, der alles weiß – das schafft mehr Optionen für eine konstruktive Lösung.
8. Wirksames Argumentieren fängt mit dem Zuhören an. Machen Sie sich klar, was Sie bei Ihrem Gegenüber erreichen wollen.
9. Bleiben Sie dran: Wirksame Argumente brauchen manchmal einen langen Atem.
10. Der besonnene Umgang mit Emotionen bildet die Basis eines gelungenen Gesprächs. Emotionen lassen sich nicht wegrationalisieren. Gefühls- und Denkverbote verhindern eine fachlich angemessene Lösung.
11. Wenn Bedürfnisse aus der Ich-Perspektive formuliert werden, muss sich das Gegenüber nicht angegriffen fühlen.
12. Neue Verhaltensweisen müssen trainiert werden – so wie Muskeln.

© Springer-Verlag GmbH Deutschland 2018
A. Verhein-Jarren et al., *Gesprächsführung in technischen Berufen*,
Kommunikation und Medienmanagement, https://doi.org/10.1007/978-3-662-53317-8_8

Sachverzeichnis

© Springer-Verlag GmbH Deutschland 2018
A. Verhein-Jarren et al., *Gesprächsführung in technischen Berufen*,
Kommunikation und Medienmanagement, https://doi.org/10.1007/978-3-662-53317-8

Printed in the United States
By Bookmasters